智能制造工程师系列

U0241084

人机界面组态与应用技术
（西门子）

主　编　陈慧敏　张　静

副主编　于福华　李　硕　段晓亮

参　编　张美荣　熊国灿　魏仁胜

机械工业出版社

本书根据企业实际生产需要，结合典型项目，以实用、易用为目的，深入浅出地介绍了西门子人机界面组态与应用的实用技术。本书采用"项目导向、任务驱动"的形式，设计了 HMI 组态与调试入门、小车移动监控系统、水泵控制监控系统、剪板机控制监控系统、多电机功能监控系统和饮料生产线监控系统 6 个项目，共 30 个任务，每个任务附有大量的图片说明，详细讲解了技能操作，并且每个任务都配有"学习工作页"，从"信息咨询""计划决策"到"任务实施"帮助学习者捋顺工作过程。

本书实战性强、注重工程应用、强调务实操作，可作为高职院校电气自动化技术、机电一体化技术、机械制造与自动化等相关专业的教材，也可供工程技术人员自学或培训使用。

本书配有教学视频（扫描书中二维码直接观看）及电子课件等教学资源，需要配套资源的教师可登录机械工业出版社教育服务网 www.cmpedu.com 免费注册后下载。

图书在版编目（CIP）数据

人机界面组态与应用技术：西门子/陈慧敏，张静主编. —北京：机械工业出版社，2022.12（2024.11 重印）
（智能制造工程师系列）
ISBN 978-7-111-72099-7

Ⅰ.①人… Ⅱ.①陈… ②张… Ⅲ.①人机界面 Ⅳ.①TP11

中国版本图书馆 CIP 数据核字（2022）第 220188 号

机械工业出版社（北京市百万庄大街 22 号　邮政编码 100037）
策划编辑：罗　莉　　　　　责任编辑：罗　莉
责任校对：陈　越　贾立萍　　封面设计：鞠　杨
责任印制：单爱军
北京虎彩文化传播有限公司印刷
2024 年 11 月第 1 版第 4 次印刷
184mm×260mm·20 印张·491 千字
标准书号：ISBN 978-7-111-72099-7
定价：69.00 元

电话服务　　　　　　　　　　网络服务
客服电话：010-88361066　　　机　工　官　网：www.cmpbook.com
　　　　　010-88379833　　　机　工　官　博：weibo.com/cmp1952
　　　　　010-68326294　　　金　书　网：www.golden-book.com
封底无防伪标均为盗版　　　机工教育服务网：www.cmpedu.com

随着智能制造的推进，自动化技术不断更新，产业需求不断提高，工业组态软件技术从最初的制造业信息化辅助工具，已经逐渐发展演变成为推动工业智能化转型升级的推进器，组态技术也逐渐成为衡量现代企业软能力的重要指标。目前，各企业一线中对组态类工程岗位的人数需求和质量也提升到了一个新的高度。

本书注重工程应用，强调务实操作，以当今主流工控软件博途 V15.1 为工具，引入工业控制及自动化领域行业标准，采用"项目导向、任务驱动"的形式，设计了 HMI（Human Machine Interface，人机交互界面）组态与调试入门、小车移动监控系统、水泵控制监控系统、剪板机控制监控系统、多电机功能监控系统和饮料生产线监控系统 6 个项目，共30 个任务，从基本能力要素训练到实际工程监控系统制作，层层递进，聚焦于 HMI 与 PLC（Programmable Logic Controller，可编程序控制器）之间实际连接以及虚拟仿真调试、基本对象到控件的使用、画面的组态及使用、常用功能报警、用户管理、配方、数据记录等功能使用，帮助学习者提升触摸屏的画面设计能力，理解控制系统的组成、工作原理和调试方法。

本书的编写特点有：

1. 坚持"以技能为核心，面向有志于投身智能制造行业技术技能人员的持续充电、持续提高"的培养培训方针，普及企业和技术工人急需的高新技术，加快高技术技能人才的培养，更好地满足企业的用人需求。

2. 更注重实际工作能力和动手技能的培养，内容贴近生产岗位，注重实用，力求实现培养培训的"短、平、快"，使学习者经过培训后即能胜任相关岗位的工作。

3. 编写内容充分体现一个"新"字，即充分反映新知识、新技术、新工艺和新设备，紧跟科技发展的潮流，具有先进性和前瞻性。

4. 编写内容面向实际项目应用，以解决实际问题为切入点，将每一个项目拆解成互相关联、又相对独立的学习任务，并根据每个任务的特点，尽量以图代文、以表代文，配备相应的"学习工作页"，从"信息咨询""计划决策"到"任务实施"帮助学习者捋顺工作过程，最大限度降低学习者的学习难度，提高学习者的学习兴趣。

5. 提供配套的学习资源和丰富的线上教学资源。每个项目均配有相应的教学视频，同时所有的实例源文件也可下载使用，方便学习者对照学习。

本书适合高职院校电气自动化技术、机电一体化技术、机械制造与自动化等相关专业学生使用，也可供有意从事工控相关工作的技术人员进行自学或转岗培训之用。

本书由北京经济管理职业学院陈慧敏、防灾科技学院张静任主编，北京经济管理职业学院于福华、李硕、段晓亮任副主编，参加编写工作的还有北京轻工技师学院的张美荣、北京经济管理职业学院的熊国灿和魏仁胜。

在本书的编写过程中，参阅了相关的资料和书籍，还吸纳了典型工业用户的实际工程案例等，得到了北京经济管理职业学院人工智能学院等单位的大力支持和帮助，在此一并致谢！

由于编者水平有限，书中缺点和错误在所难免，恳请各位同仁、专家及读者不吝指教，在使用过程中提出宝贵意见。

编　者

二维码清单

名称	页码	图形	名称	页码	图形
《人机界面组态与应用技术（西门子）》课程介绍	Ⅲ		项目二 任务五 建立小车移动监控系统	66	
项目一 任务二 S7-1200 与 HMI 的下载及仿真	20		项目三 任务一 指示灯制作	71	
项目一 任务三 S7-300 与 HMI 的集成仿真	34		项目三 任务二 弹出画面制作	79	
项目二 任务一 按钮制作	42		项目三 任务三 文本列表和符号 I/O 域使用	86	
项目二 任务二 I/O 域使用	57		项目三 任务四 图形列表和图形 I/O 域使用	90	
项目二 任务三 文本域及图形视图使用	60		项目三 任务五 建立水泵控制监控系统	94	
项目二 任务四 移动动画制作	63		项目四 任务一 剪板机控制监控系统手动操作	99	

（续）

名称	页码	图形	名称	页码	图形
项目四　任务二　剪板机控制监控系统自动操作	114		项目六　任务三　原料罐、生产罐画面制作	183	
项目四　任务三　HMI 的用户管理功能	122		项目六　任务四　搅拌机动画制作	189	
项目五　任务一　层级的使用	132		项目六　任务五　液体动画制作	196	
项目五　任务二　画面管理	140		项目六　任务六　饮料生产线自动控制	211	
项目五　任务三　高级功能面板组态	145		项目六　任务七　工艺配方组态应用	223	
项目五　任务四　高级功能面板应用	155		项目六　任务八　报警组态应用	230	
项目六　任务一　模板制作	164		项目六　任务九　趋势视图应用	242	
项目六　任务二　欢迎画面制作	174		项目六　任务十　用户管理	246	

Contents

目　录

下篇　操　作　篇

上篇　学习篇

01

项目一　HMI 组态与调试入门

任务一　软件的安装

 **任务描述**

安装软件：

1. 安装 TIA_Portal_STEP_7_Pro_WINCC_Professional_V15_1（PLC 编程软件+WinCC 触摸屏和上位机组态软件）。

2. 安装 SIMATIC_S7_PLC_simulation_V15_1（PLC 的仿真软件）。

注意事项：

1. V15_1 支持 Windows 10、Windows 8、Windows 7 等操作系统，但必须都是 64 位系统。

2. 安装前一定要关闭杀毒软件。

3. 按顺序安装软件。

4. 利用 SIM_EKB_install_2017_12_24（博途软件的授权工具）进行授权。

 **相关知识**

一、西门子主要新型 HMI 设备

HMI 是 Human Machine Interface（人机交互界面）的简称，泛指操作人员和机器设备交换信息的设备，即触摸显示屏、操作显示面板等。操作人员为使机器设备正确且可靠地工作，需要把控制指令、工艺参数、信息图片文档数据等通过 HMI 设备输入到机器设备的控制和运算单元，主要是 PLC，PLC 检测和获取机器设备的状态和控制流程信息，通过 HMI 设备反向传送和显示给操作人员。西门子把这类用于人机信息交流互动、双向沟通的人机界面设备统称为 HMI 设备。

早期的人机界面组件主要是按钮、开关、指示灯、机械记录仪和一些计量表计等。后来出现了拨码开关、电子数码管、半导体数码管、电子记录仪等用来输入、显示和记录一些简单的机器参数。工业计算机应用于生产现场以后，用 CRT 显示器和机械式键盘作为人机交互设备。西门子公司也先后推出了基于 LCD 液晶显示技术的各种操作员面板、触摸面板和多功能面板，这些型号的 HMI 设备在我国自动化领域获得非常广泛的应用。进入 21 世纪的第一个 10 年，液晶显示器技术日趋成熟，性价比不断提高，各大自动化设备厂商不断研发

生产了型号功能各异的控制显示面板和触摸屏等。西门子公司自 2008 年陆续发布了 4in[⊖]、6in Basic 面板 KTP400、KTP600 等产品。随着高画质显示器技术蓬勃发展，人们对人机界面设备技术的认识和要求不断提高，2012 年 6 月西门子公司发布了面向高端应用的 SIMATIC HMI 精智面板的产品，如 KP900、TP1200 等，以替代之前的多功能屏等高端产品，这是一个具有里程碑意义的系列产品，之前的许多面板产品陆续停产为应对中小规模控制系统的要求，在对之前众多型号的精简面板进行技术整合，提升性能之后，2014 年 6 月第二代精简系列面板产品发布。

（一）SIMATIC HMI 按键面板

KP8 PN 和 KP32 PN 是新型可编程 8 个和 32 个功能的按键控制面板，可以显示 5 种 LED 颜色，前面板/背板为 IP65/IP20 防护等级，可靠性高，可以适应恶劣的工作环境，通过 PROFINET 以太网与 S7-300/400、S7-1200/1500 PLC 连接，通过 STEP V5.5 或博途工程软件编辑组态。

各种参数设置选项，大幅提高设备应用的灵活性，面板的后背集成有数字量 I/O，可连接按键开关和指示灯等，按键面板集成 PROFINET 双端口交换机，支持总线型和环型拓扑结构，有效降低硬件成本并支持共享设备功能。故障安全型面板可直接连接急停设备和其他故障安全传感器，兼容所有标准 PROFINET 主控 CPU，适用于所有应用的机器设备，在各种工厂或生产线的不同位置进行轻松操作。

（二）SIMATIC HMI 精简面板

SIMATIC HMI 精简面板早期的型号、款式较多，有单色、256 色 LCD（液晶）显示等，很方便地连接 PROFINET 网络，适用于低成本的简单应用场合。

第二代精简系列面板在色彩、清晰度和内在功能上都有很大提升，包含了 HMI 所有重要的基本功能，可广泛应用于机械工程各领域地操作和监控；采用全新设计的 USB 接口可连接键盘、鼠标或条码扫描仪，可快速实现 U 盘数据归档。通过 PROFIBUS 或 PROFINET 接口，新一代 SIMATIC HMI 精简面板可快速连接各种 PLC。结合紧凑型模块化控制器 SIMATIC S7-1200，优势更为突出。

（三）SIMATIC HMI 精智面板

能够完成各种苛刻控制任务，开放性和可扩展性高，是功能齐备的高端控制面板。SIMATIC HMI 精智面板是全新研发的触摸型面板和按键型面板产品。该产品系列包括下列型号：

1. 显示屏尺寸分别为 4in、7in、9in、12in 和 15in 的 5 种 KP 按键型面板。
2. 显示屏尺寸分别为 7in、9in、12in、15in、19in 和 22in 的 6 种 TP 触摸型面板。
3. 显示屏尺寸为 4in 的按键型和触摸型面板。

（四）SIMATIC HMI 移动面板

便于携带，可以在不同的地点灵活使用，适用于总线连接的操作与监控。不管何种场合或应用，当机器和工厂的现场操作和监控需要移动时，可以选用有线版和无线版移动操作员面板。

⊖　英寸，1in＝2.54cm。

二、HMI 设备的特点

HMI 人机界面设备在自动化控制系统中的主要作用：

1. 将机器生产系统控制过程中的数据信息（如转速、温度、工作时间、用电数等）集中动态显示在画面或图表中，生产和服务系统的过程量可以通过 HMI 设备画面中的显示输出域、量表、棒图、曲线、表格、动画、文字等形式实时动态地显示出来。对于操作员来说，控制过程的状态和信息直观、醒目，容易识别、分析、判断和记忆。

2. 机器操作人员通过图形可视化的界面操作和监控机器的整个工作过程，通过画面上的按钮、开关、数据输入输出域、图形视图、报警视图控件等操控机器的启动停止，为机器配置和修改工艺参数，监视和查看整个工作控制过程，记录过程信息等。

3. 报警功能。机器设备运行必须满足必要的条件，条件不满足即报警，这包含故障隐患报警，并可以提供报警原因分析。例如冷却水温不得高于某值，当超过该值时，将触发自动报警系统。

4. 记录（归档）功能。无论是控制过程量的实时值，还是不定时可能发生的报警信息，都可以数据记录的形式记录下来，以某种文件的形式归纳成电子文档。当需要查看历史记录的时候，检索调阅即可。也可以通过网络打印机打印输出报表文件。

5. 工艺参数的配方化管理，可以将众多产品的工艺参数一次性全部存储在 HMI 设备中，根据当前生产计划订单，随时调出装载到 PLC，进行生产。

6. 处理视频信号和视频文件，现场实时监控。

7. 可以方便地接入互联网，实现远程诊断、远程维护，或通过手机查看诊断等应用。

8. 配合 PLC 控制器的工作，与之构成生产服务控制系统的主要单元设备。

PLC 控制设备、HMI 设备都是机器生产控制系统中的重要设备，它们通过高速网络连接通信，特别是突出应用了工业以太网技术——PROFINET 网络以后，兼容应用互联网技术，发展潜力巨大，展望远景广阔，是现代电气自动化的主要技术支柱之一，也是工业 4.0 时代装备制造智能化的主要技术之一。

现代机器设备控制系统的 HMI 设备主要有按键式面板、触摸式显示屏、按键式显示屏、既有按键又可触摸输入的显示屏、无线/有线传输移动面板、工业计算机（PC）等。随着大规模集成电路技术、LED 显示器技术、软件工程和互联网技术的高速发展，日益成熟可靠，各自动化设备公司结合新技术、新工艺陆续推出新型控制面板（显示屏），处理信息的速度更快，存储数据信息的容量更大，紧密融合互联网技术，显示像素和色彩更加丰富逼真，信息交互功能越来越强，工作也更加稳定可靠。

西门子公司推出的 SIMATIC HMI 控制显示面板在工厂、电力、矿山、医院、航空航海、服务等各行业深耕细作，精益求精，应用已日趋广泛，已逐步取代老型号显示面板。这些面板不仅具有创新的设计和卓越的性能，而且还可通过 TIA 博途中的 SIMATIC WinCC 工程软件进行组态。其工程组态效率高，使应用者得心应手。老型号控制显示面板中的项目组态方案可以很方便地移植到新型显示面板中。新型面板突出强调了 PROFINET 网络技术的应用。

由于通过 SIMATIC WinCC 工程软件编辑组态的用户项目软件可以根据用户实际项目的发展变化需求进行灵活扩展改变，因此对于一个新的用户项目，可以先采用一个能够满足当前用户需求的经济解决方案，日后再根据具体需求，通过增加过程变量等方式进行扩展。这些过程都非常简洁高效。与此同时，创新的图形化用户界面，操作与监控更为直观便捷。用户只需根据应用，选择相应的显示屏规格和操作方式即可。

三、西门子 TIA 博途（Portal）自动化工程软件简介

西门子工业自动化集团的全集成自动化软件 TIA 博途，是业内领先采用统一工程组态和软件项目环境的自动化软件，几乎适用于所有自动化任务。借助该全新的工程技术软件平台，用户能够快速、直观地开发和调试自动化系统。与传统方法相比，无须花费大量时间集成各个软件包，同时显著降低了成本。TIA 博途的设计兼顾高效性和易用性，适合新、老用户使用。此外，TIA 博途作为一切未来软件工程组态包的基础，可对目前西门子全集成自动化中所涉及的所有自动化和驱动产品进行组态、编程和调试。

作为西门子所有软件工程组态包的一个集成组件，TIA 博途平台可在所有组态界面间提供高级共享服务，向用户提供统一的导航并确保系统操作的一致性。TIA 博途在控制参数、程序块、变量、消息等数据管理方面，所有数据只需输入一次，大大减少了自动化项目的软件工程组态时间，降低了成本。TIA 博途的设计基于面向对象和集中数据管理，避免了数据输入错误，实现了无缝的数据一致性。使用项目范围的交叉索引系统，用户可在整个自动化项目内轻松查找数据和程序块，极大地缩短了软件项目的故障诊断和调试时间。

TIA 博途采用此新型、统一软件框架，可在同一开发环境中组态西门子的所有可编程序控制器、人机界面和驱动装置。在控制器、驱动装置和人机界面之间建立通信时的共享任务，可大大降低连接和组态成本。

 **技能操作**

一、安装前准备

步骤一： 在 Windows 系统下，按下组合键 WIN+R，输入"regedit"，如图 1-1-1 所示，打开注册表编辑器窗口。

步骤二： 在左侧窗口中找到：计算机→HEEY_LOCAL_MACHINE→SYSTEM→CurrentControlSet→Control→Session Manager 文件夹，在右侧窗口选中 PendingFileRenameOperations 文件，如图 1-1-2 所示，然后单击鼠标右键→删除。

步骤三： 关闭杀毒软件。

图 1-1-1　打开注册表编辑器窗口

二、安装软件

（一）安装 TIA_Portal_STEP_7_Pro_WINCC_Professional_V15_1

步骤一： 打开软件安装包所在文件夹，双击"TIA_Portal_STEP_7_Pro_WINCC_Pro_V15_1"应用程序，弹出图 1-1-3。

步骤二： 单击"下一步"，弹出图 1-1-4。

图 1-1-2　删除 PendingFileRenameOperations 文件

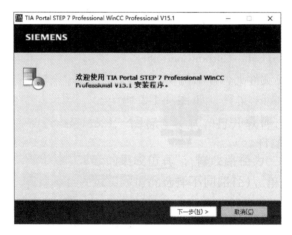

图 1-1-3　双击"TIA_Portal_STEP_7_Pro_WINCC_Pro_V15_1"应用程序

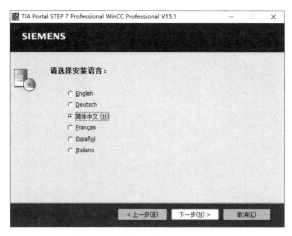

图 1-1-4　选择"简体中文（H）"

步骤三：选中"简体中文（H）"，单击"下一步"，弹出图 1-1-5。

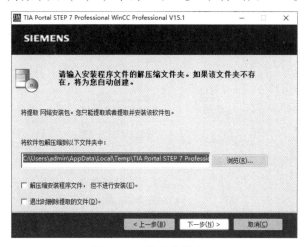

图 1-1-5　修改安装路径

步骤四：修改路径（也可以选择默认路径），单击"下一步"，弹出图 1-1-6。

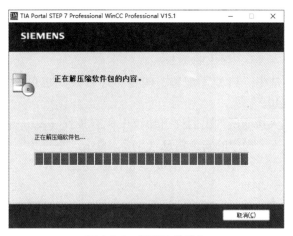

图 1-1-6　解压缩软件包

步骤五：计算机进行解压缩软件包，解压完成后，软件进行初始化，如图 1-1-7 所示。

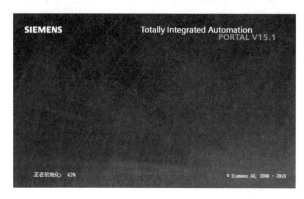

图 1-1-7　初始化

步骤六：初始化完成，弹出图 1-1-8。

图 1-1-8　关闭所有应用程序

步骤七：单击"下一步"，弹出图 1-1-9。

步骤八：在窗口中选中"典型"配置，确定目标目录（也可以自行修改目录），单击"下一步"，弹出图 1-1-10。

步骤九：勾选"本人接受所列出的许可协议中所有条款（A）"和"本人特此确认，已阅读并理解了有关产品安全操作的安全信息（S）"，单击"下一步"，弹出图 1-1-11。

步骤十：勾选"我接受此计算机上的安全和权限设置（A）"，单击"下一步"，弹出图 1-1-12。

步骤十一：单击"安装"，弹出图 1-1-13，进入安装（该步骤时间比较长，需要耐心等待），安装完成后，弹出图 1-1-14。

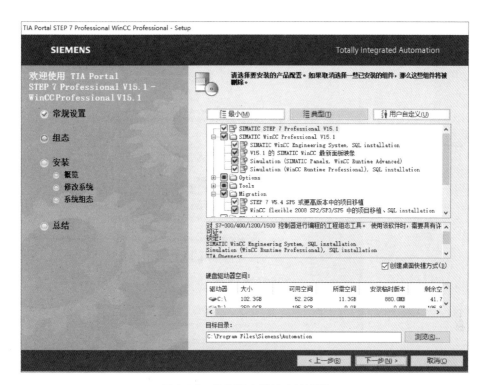

图 1-1-9　选择要安装的产品配置

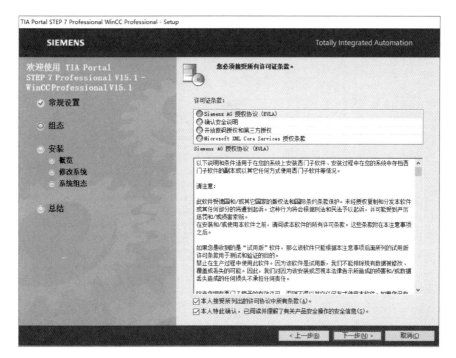

图 1-1-10　接受许可协议所有条款

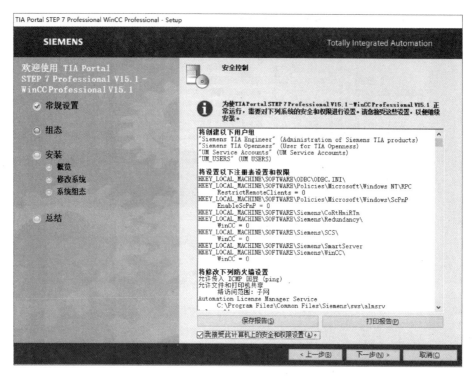

图 1-1-11　安全和权限设置

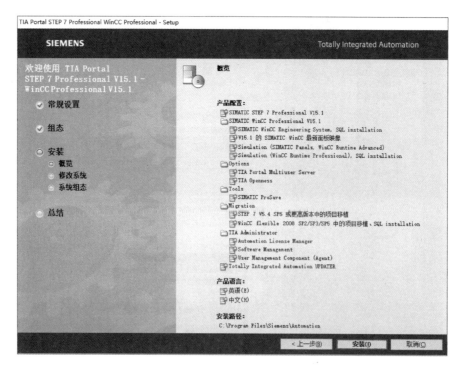

图 1-1-12　浏览产品配置、产品语言、安装路径

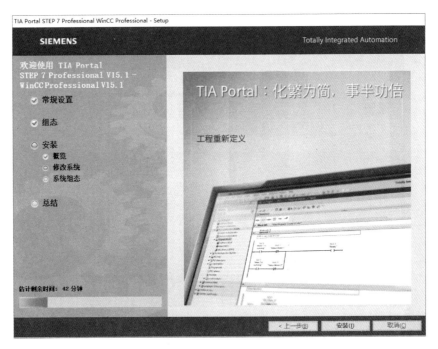

图 1-1-13　等待安装

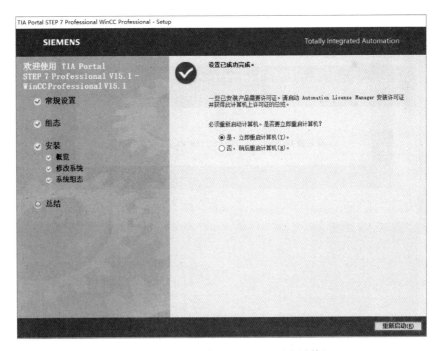

图 1-1-14　安装完成，是否立即重启计算机

　　步骤十二：可以选择"是，立即重启计算机"，完成软件安装；也可以选择"否，稍后重启计算机"，弹出图 1-1-15，单击"完成"，完成软件安装。

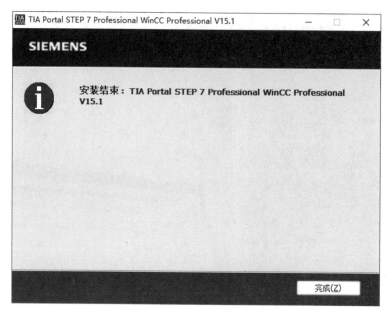

图 1-1-15　选择"否，稍后重启计算机"，点击"完成"

（二）安装 SIMATIC_S7_PLC_simulation_V15_1

步骤一： 打开软件安装包所在文件夹，双击"SIMATIC_S7PLCSIM_V15_1"应用程序，弹出图 1-1-16。

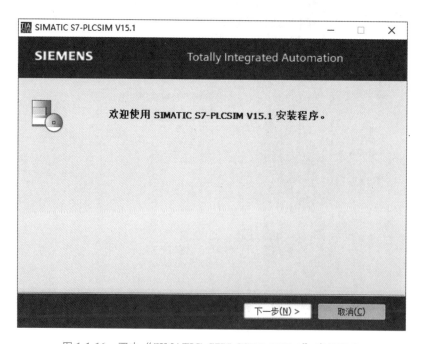

图 1-1-16　双击"SIMATIC_S7PLCSIM_V15_1"应用程序

步骤二： 单击"下一步"，弹出图 1-1-17。

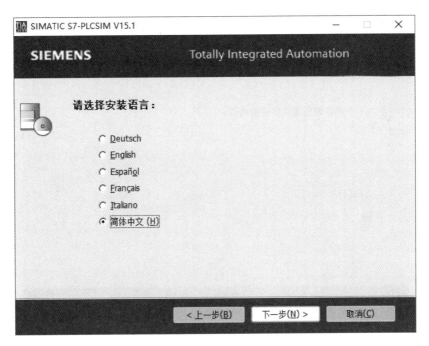

图 1-1-17　选择安装语言

步骤三：选中"简体中文（H）"，单击"下一步"，弹出图 1-1-18。

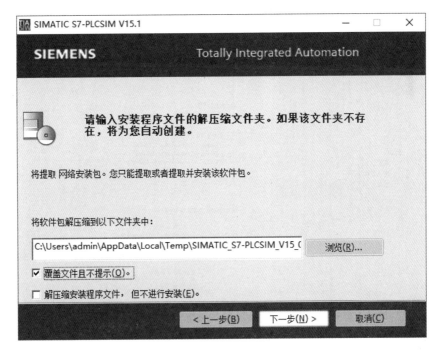

图 1-1-18　选择安装路径

步骤四：修改路径（也可以选择默认路径），单击"下一步"，弹出图 1-1-19。

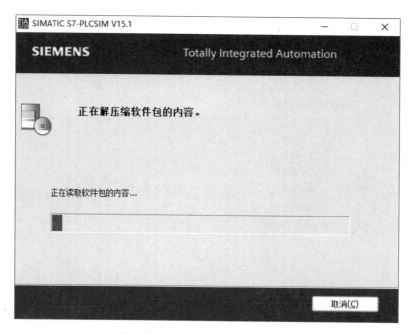

图 1-1-19　解压缩软件包及初始化

步骤五：计算机进行解压缩软件包，解压完成，软件进行初始化，初始化完成，弹出图 1-1-20。

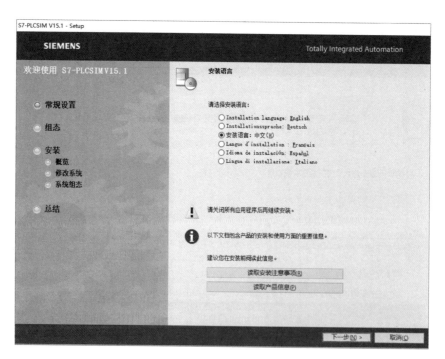

图 1-1-20　安装语言窗口

步骤六：单击"下一步"，弹出图 1-1-21。

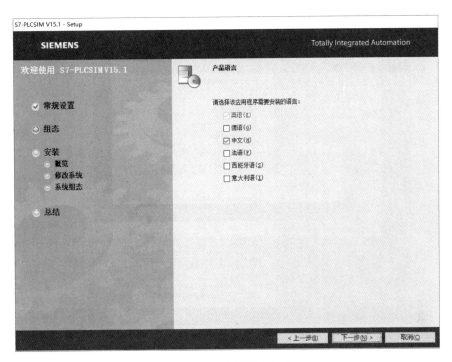

图 1-1-21 产品语言窗口

步骤七：选中"中文"，单击"下一步"，弹出图 1-1-22。

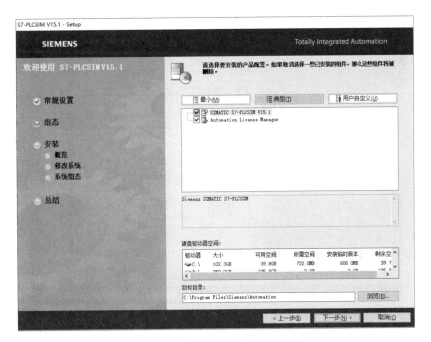

图 1-1-22 选择要安装的产品配置

步骤八：在窗口中选中"典型"配置，确定目标目录（也可以自行修改目录），单击

"下一步"，弹出图 1-1-23。

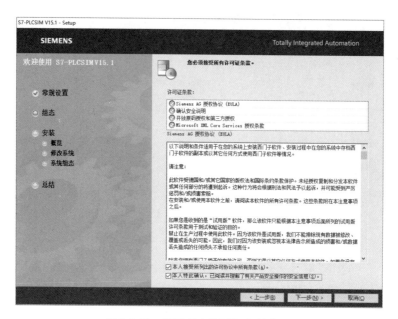

图 1-1-23　接受所有许可证条款窗口

步骤九：勾选"本人接受所列出的许可协议中所有条款（A）"和"本人特此确认，已阅读并理解了有关产品安全操作的安全信息（S）"，单击"下一步"，弹出图 1-1-24。

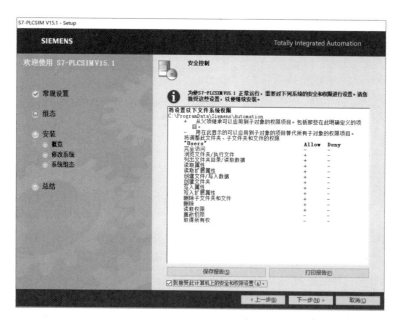

图 1-1-24　安全控制窗口

步骤十：勾选"我接受此计算机上的安全和权限设置（A）"，单击"下一步"，弹出图 1-1-25。

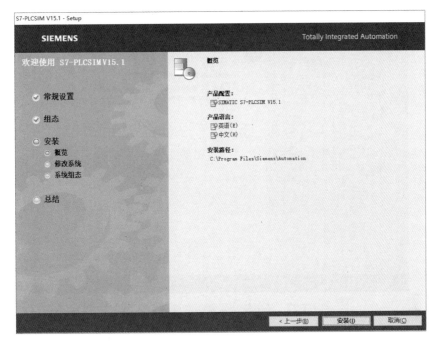

图 1-1-25　浏览产品配置、产品语言、安装路径

步骤十一：单击"安装"，弹出图 1-1-26，进入安装（该步骤时间比较长，需要耐心等待），安装完成后，弹出图 1-1-27。

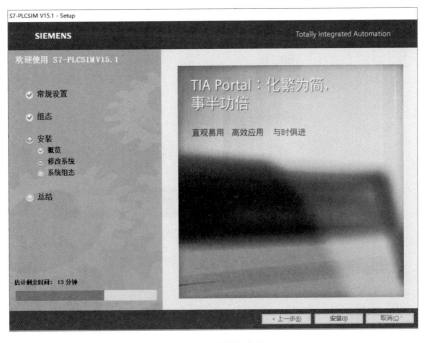

图 1-1-26　等待安装

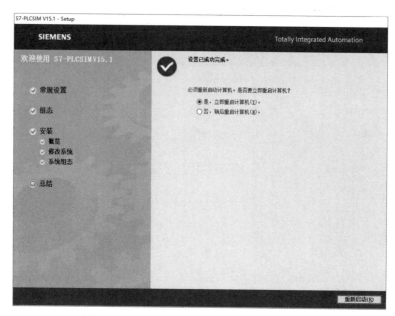

图 1-1-27　设置完成，是否立即重启计算机

步骤十二：可以选择"是，立即重启计算机"，完成软件安装；也可以选择"否，稍后重启计算机"，弹出图 1-1-28，单击"完成"，完成软件安装。

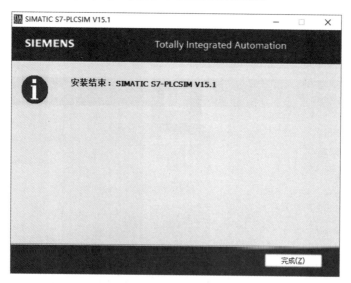

图 1-1-28　安装结束

三、软件授权

（一）STEP7 授权

步骤一：双击打开 Sim_EKB_Install_2018_10_30（博途软件的授权工具）。

步骤二：在左侧窗口展开"TIA Portal"→"TIA Portal v15/v15.1"，在右侧窗口，找到并勾选 2822（Step7 professional combo V15）和 2823（Step7 professional V15），如

图 1-1-29 所示。

图 1-1-29　STEP7 授权

步骤三：单击"安装长密钥"。

（二）WinCC 授权

步骤一：在左侧窗口展开"TIA Portal"→"TIA Portal v15/v15.1"，选中"WinCC Prof v15"，在右侧窗口找到并勾选 2542（WinCC ProDiag for RT Professional），2845［WinCC Professional（max.）combo］，2848［WinCC Professional（max.）］，2853（WinCC Client for RT Professional V15），2856［WinCC RT Professional（max.）］，如图 1-1-30 所示。

图 1-1-30　WinCC 授权

步骤二：单击"安装长密钥"。

步骤三：重启计算机。

任务二　S7-1200 与 HMI 的下载及仿真

 **任务描述**

　　建立 S7-1200 PLC 和西门子精简系列面板 HMI 之间的连接，并在 HMI 上设计两个按钮和一个指示灯，如图 1-2-1 所示。

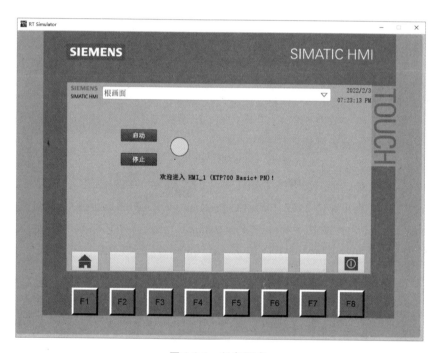

图 1-2-1　任务要求

具体要求：

1. 单击"启动"按钮，指示灯显示绿色；单击"停止"按钮，指示灯显示灰色。

2. 能启动程序监视，对应观测程序运行与 HMI 操作显示。

 **相关知识**

一、以太网基础知识

（一）工业以太网

工业以太网（Industrial Ethernet，IE）是遵循国际标准 IEEE802.3 的开放式、多供应商、高性能的区域和单元网络。工业以太网已经广泛地应用于控制网络的最高层，并且越来越多地在控制网络的中间层和底层（现场设备层）使用。

西门子的工控产品已经全面的"以太网化"，PLC、变频器、HMI 和分布式 I/O 都有集成的以太网接口或 PROFINET 通信模块。工业以太网可以将自动化系统连接到企业内部互联网、外部互联网和因特网，实现远程数据交换。

（二）MAC 地址

MAC（Media Access Control，媒体访问控制）地址是以太网端口设备的物理地址。MAC 地址通常由设备生产厂家写入设备的 EEPROM 或闪存芯片。在网络底层的物理传输过程中，通过 MAC 地址来识别发送和接收数据的主机。MAC 地址是 48 位二进制数，分为 6 个字节，一般用十六进制数表示，用短画线分隔，例如 00-05-BA-CE-07-0C。其中，前 3 个字节是网络硬件制造商的编号，它由 IEEE（国际电气与电子工程师协会）分配，后 3 个字节代表该制造商生产的某个网络产品（例如网卡）的序列号。MAC 地址就像我们的身份证号码，具有全球唯一性。

每个 CPU 在出厂时都已装载了一个永久唯一的 MAC 地址，MAC 地址印在 CPU 上，不能更改 CPU 的 MAC 地址。

（三）IP 地址

为了使信息能在以太网上准确快捷地传送到目的地，连接到以太网的每台计算机必须拥有一个唯一的 IP 地址。IP 地址，即 Internet Protocol（网际协议）地址，由 32 位二进制数组成，在控制系统中，一般使用固定的 IP 地址。

IP 地址通常用十进制数表示，用小数点分隔，例如 192.168.0.1。

（四）子网掩码

子网是连接在网络上的设备的逻辑组合。同一个子网中的节点彼此之间的物理位置通常相对接近。子网掩码（Subnet Mask）是一个 32 位二进制数，用于将 IP 地址划分为子网地址和子网内节点的地址。二进制的子网掩码的高位应该是连续的 1，低位应该是连续的 0，子网掩码通常也用十进制数表示。以常用的子网掩码 255.255.255.0 为例，其高 24 位二进制数（前 3 个字节）为 1，表示 IP 地址中的子网地址（类似于长途电话的地区号）为 24 位；低 8 位二进制数（最后一个字节）为 0，表示子网内节点的地址（类似于长途电话的电话号）为 8 位。具有多个 PROFINET 接口的设备，各接口的 IP 地址应位于不同的子网中。

PLC 出厂时默认的 IP 地址为 192.168.0.1，默认的子网掩码为 255.255.255.0。

（五）路由器

IP 路由器用于连接子网，如果 IP 报文发送给别的子网，首先将它发送给路由器。在组态时子网内所有的节点都应输入路由器的地址。路由器通过 IP 地址发送和接收数据包。路由器的子网地址与子网内的节点的子网地址相同，其区别仅在于子网内的节点地址不同。

在串行通信中，传输速率（又称波特率）的单位为 bit/s，西门子的工业以太网默认的传输速率为 10M/100Mbit/s。

二、HMI 仿真调试的方法

WinCC 的运行系统用来在计算机上运行采用 WinCC 进行工程系统组态的项目，并查看进程。运行系统还可以用来在计算机上测试和模拟 HMI 功能。

如果在标准 PC 或 Panel PC 上安装了运行系统的高级版和面板，需要授权才能无限制地使用。如果没有授权，运行系统高级版和面板将以演示模式运行。

在计算机上安装了"仿真/运行系统"组件后，在没有 HMI 设备的情况下，可以用 WinCC 的运行系统来模拟 HMI 设备，用它来测试项目，调试已组态的 HMI 设备的功能。模拟调试也是学习 HMI 设备组态方法和提高动手能力的重要途径。

有 4 种仿真调试的方法。

1. 使用变量仿真器仿真

如果手中既没有 HMI 设备，也没有 PLC，可以用变量仿真器来检查人机界面的部分功能。这种调试称为离线调试或离线测试，可以模拟画面的切换和数据的输入过程，还可以用仿真器来改变输出域显示的变量的数值或指示灯显示的位变量的状态，或者用仿真器读取来自输入域的变量的数值和按钮控制的位变量的状态。因为没有运行 PLC 的用户程序，这种仿真方法只能模拟实际系统的部分功能。

2. 使用 S7-PLCSIM 和 WinCC 运行系统的集成仿真

如果将 PLC 和 HMI 集成在博途的同一个项目中，可以用 WinCC 的运行系统对 HMI 设备仿真，用 PLC 的仿真软件 S7-PLCSIM 对 S7-300/400/1200/1500 仿真。同时还可以对被仿真的 HMI 和 PLC 之间的通信和数据交换仿真。这种仿真不需要 HMI 设备和 PLC 的硬件，只用计算机也能很好地模拟 PLC 和 HMI 设备组成的实际控制系统的功能。这种方法比较常用，本书中所有项目都使用该方法对各任务进行集成仿真。

3. 连接硬件 PLC 的仿真

如果没有 HMI 设备，但是有 PLC，可以在建立起计算机和 S7 PLC 通信连接的情况下，用计算机模拟 HMI 设备的功能。这种测试称为在线测试，可以减少调试时刷新 HMI 设备的闪存的次数，节约调试时间。仿真的效果与实际系统基本上相同。

4. 使用脚本调试器的仿真

可以用脚本调试器测试运行系统中的脚本，以查找用户定义的 VB 函数的编程错误，这种方法一般很少使用。

 **技能操作**

一、创建项目

双击计算机桌面"TIA Portal V15.1"图标，打开软件，单击"创建新项目"，在项目名称栏中输入"S7-1200 与 HMI 的集成仿真"，修改路径为"F:\人机界面组态与应用技术"（读者可根据个人计算机硬盘实际情况选择不同路径），单击"创建"，如图 1-2-2 所示。

二、添加 PLC

单击屏幕左下侧"项目视图"，将软件界面切换到"项目视图"，在项目树下，双击

"添加新设备",弹出"添加新设备"窗口,选中"控制器",单击"SIMATIC S7-1200"→"CPU"→"CPU 1214C DC/DC/DC"→"6ES7 214-1AG40-0XB0",选中版本为 V4.2,单击"确定",如图 1-2-3 所示,完成 PLC 添加。

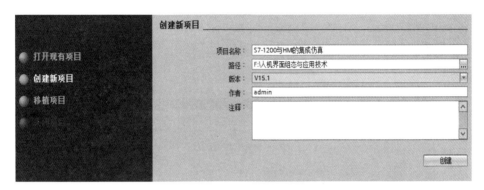

图 1-2-2　创建新项目

图 1-2-3　添加新设备 PLC

三、添加 HMI

在项目树下，双击"添加新设备"，弹出"添加新设备"窗口，选中"HMI"，单击"SIMATIC 精简系列面板"→"7″显示屏"→"KTP700 Basic"→"6AV2 123-2GB03-0AX0"，选中版本为 15.1.0.0，如图 1-2-4 所示，单击"确定"，弹出"HMI 设备向导"，单击"浏览"右侧的下拉菜单，选中"PLC_1"，如图 1-2-5 所示，单击"完成"，完成 HMI 添加以及与 PLC 的连接。

图 1-2-4　添加新设备 HMI

四、PLC 变量添加

在项目树下，展开"PLC 变量"，双击打开"默认变量表"，如图 1-2-6 所示，添加变量"启动"，数据类型为"Bool"，地址为"M0.0"；添加变量"停止"，数据类型为"Bool"，地址为"M0.1"；添加变量"电机"，数据类型为"Bool"，地址为"Q0.0"，如图 1-2-7 所示。

五、触屏画面设计

步骤一： 在项目树下，展开"画面"，双击打开"根画面"，如图 1-2-8 所示。

步骤二： 打开右侧"工具箱"，展开"元素"，选中"按钮"，如图 1-2-9 所示，再在画面中单击鼠标，生成一个"按钮_1"，修改文本为"启动"。

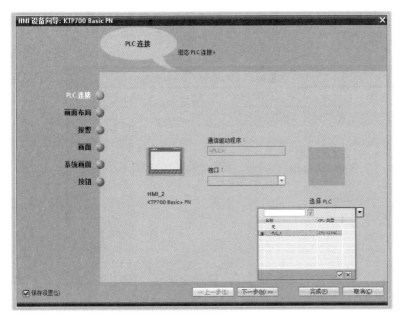

图 1-2-5 PLC 与 HMI 连接

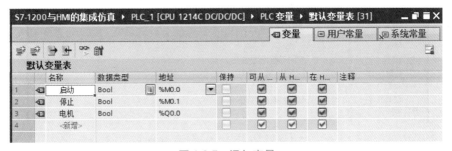

图 1-2-6 打开"默认变量表"

图 1-2-7 添加变量

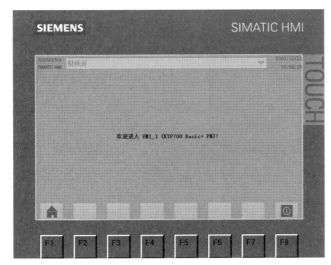

图 1-2-8 打开"根画面"

图 1-2-9 工具箱中选中"按钮"

步骤三：选中"启动"，单击鼠标右键→属性，打开"事件"选项卡，选中"按下"，添加"按下按键时置位位"，变量设定为"启动"，如图 1-2-10 所示。

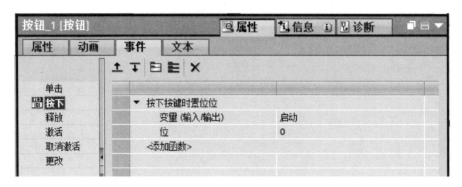

图 1-2-10　设置"按钮_1"属性

步骤四：复制粘贴"启动"，生成一个"按钮_2"，修改文本为"停止"，修改其"事件"中"按下"的变量为"停止"，如图 1-2-11 所示。

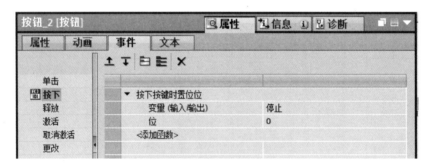

图 1-2-11　设置"按钮_2"属性

步骤五：在"工具箱"中，展开"基本对象"，选中"圆"，如图 1-2-12 所示，再在画面中单击鼠标，生成一个"圆_1"。

图 1-2-12　在"工具箱"中选中"圆"图标

步骤六：选中"圆_1"，单击鼠标右键→属性，打开"动画"选项卡，展开"显示"，双击"添加新动画"，弹出"添加动画"，选中"外观"，单击"确定"，如图 1-2-13 所示。

步骤七：在生成的"外观"中，设定变量为"电机"；增加范围为"0"，背景色为灰色"222，219，222"；增加范围为"1"，背景色为绿色"0，255，0"，如图 1-2-14 所示。

图 1-2-13　添加动画——"外观"

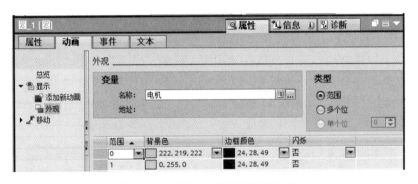

图 1-2-14　按钮_1 的外观属性设置

六、PLC 程序编写

在项目树下，展开"程序块"，双击打开"Main〔OB1〕"，在程序编辑窗口的"程序段1"中，添加"起保停"程序，如图 1-2-15 所示。

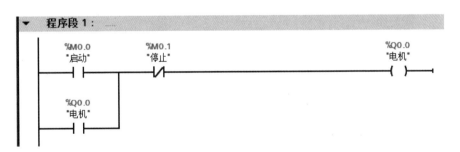

图 1-2-15　"程序段 1"中添加"起保停"程序

七、下载及仿真运行

模块一：实物 PLC 和实物 HMI

步骤一：利用路由器，将计算机、PLC 和 HMI 用网线进行连接，如图 1-2-16 所示。

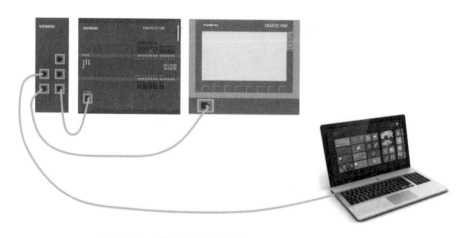

图 1-2-16　利用路由器将计算机、PLC 和 HMI 连接

步骤二： 在项目树下，双击打开"设备组态"，选中其中"网络视图"选项卡，单击"PLC_1"模块上绿色方块，展开其属性选项卡，选中"常规"中的"以太网地址"，设置其 IP 地址为"192.168.0.1"，如图 1-2-17 所示；单击"HMI_1"模块上绿色方块，展开其属性选项卡，选中"常规"中的"以太网地址"，设置其 IP 地址为"192.168.0.2"（这两个地址可以修改，要求与实物的 IP 地址一致），如图 1-2-18 所示。

图 1-2-17　PLC_1 的 IP 地址设置为 192.168.0.1

步骤三： 修改计算机的 IP 地址，打开计算机的"网络连接"，选中"以太网"，并通过鼠标右键打开其"属性"，弹出"以太网属性"窗口，选中"Internet 协议版本 4（TCP/IPv4）"，如图 1-2-19 所示，单击"属性"，弹出"Internet 协议版本 4（TCP/IPv4）属性"

图 1-2-18 HMI_1 的 IP 地址设置为 192.168.0.2

窗口，勾选"使用下面的 IP 地址（S）"，设置 IP 地址为同一网段"192.168.0.20"，子网掩码为"255.255.255.0"，如图 1-2-20 所示。

图 1-2-19 打开计算机的以太网属性

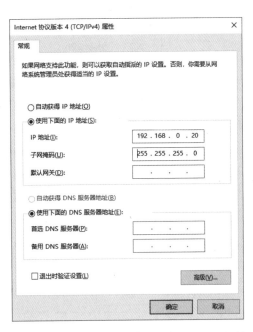

图 1-2-20 计算机的 IP 地址设为 192.168.0.20

步骤四： 打开计算机的"控制面板"，单击"查看方式"类别的下拉菜单，选中"小图标"，如图 1-2-21 所示，单击"设置 PG/PC 接口（32 位）"，弹出"设置 PG/PC 接口"窗口，滑动鼠标滑轮找到并选中对应在使用的计算机的"网卡"，如图 1-2-22 所示，选中"Realtek PCIe FE Family Contronller. TCPIP. 1. Auto. 1"，设置应用程序访问点为"S7ONLINE（STEP 7）→Realtek PCIe FE Family Contronller. TCPIP. 1. Auto. 1"，单击"确定"。

图 1-2-21　选择"设置 PG/PC 接口（32 位）"

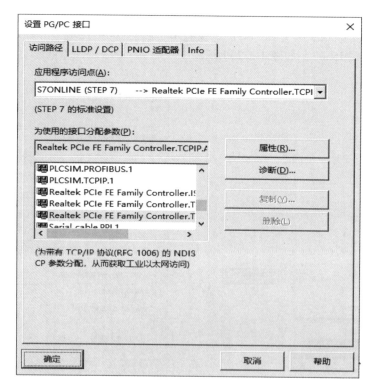

图 1-2-22　PG/PC 接口设置

步骤五：在项目树中，选中"PLC_1"，单击"下载到设备"，弹出"扩展下载到设备"，选中"网卡"，如图 1-2-23 所示，单击"开始搜索"，搜索到相应的 PLC，单击"下载"，单击"装载"，单击"完成"。

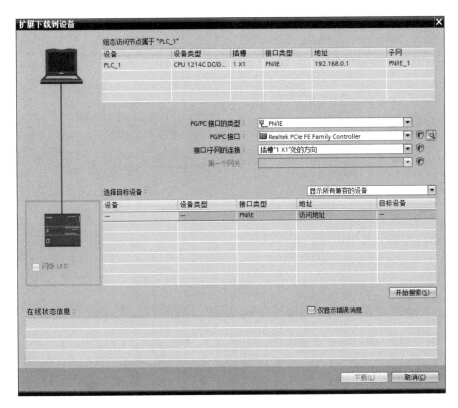

图 1-2-23　扩展下载到设备

步骤六：给 HMI 上电，启动触屏，单击触屏上的"Settings"，单击"Transfer"，选中"PN/IE"，单击"设置"，双击打开"PN_X1 Settings"，在"IP Address"中可以修改 HMI 的 IP 地址为"192.168.0.2"，返回界面，单击"Transfer"，等待下载传输。

步骤七：在项目树下，选中"HMI_1"，单击"下载到设备"，选中"全部覆盖"，单击"装载"。

步骤八：回到触摸屏，可看到触摸屏显示"已经建立连接"。

步骤九：在触摸屏上，单击"启动"，则触摸屏上指示灯亮，显示绿色，PLC 的 Q0.0 有输出。

模块二：实物 PLC 和仿真 HMI

步骤一：在项目树下，选中"HMI_1"，单击"启动仿真"。

步骤二：在仿真的触屏上，单击"启动"，指示灯亮，显示绿色，实物 PLC 的 Q0.0 有输出。

模块三：仿真 PLC 和仿真 HMI

步骤一：打开计算机的"控制面板"，单击"查看方式"类别的下拉菜单，选中"小图标"，单击"设置 PG/PC 接口（32 位）"，弹出"设置 PG/PC 接口"窗口，滑动鼠标滑轮查找并选中"PLCSIM.TCPIP.1"，设置应用程序访问点为"S7ONLINE（STEP 7）→

PLCSIM.TCPIP.1"，如图 1-2-24 所示，最后单击"确定"按钮确认。

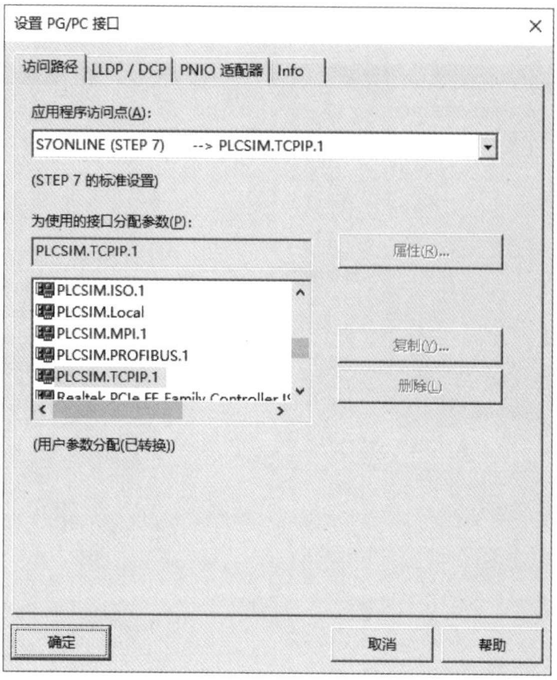

图 1-2-24　设置应用程序访问点为"PLCSIM. TCPIP. 1"

步骤二：回到博途软件，在项目树下，选中"PLC_1"，单击"启动仿真"，弹出"启动仿真禁用所有其它在线接口"对话框，如图 1-2-25 所示，单击"确定"，在弹出的"扩展下载到设备"窗口中，设置接口/子网的连接为"插槽 1×1 处方向"，单击"开始搜索"，如图 1-2-26 所示，单击"下载"，弹出"下载预览"窗口，如图 1-2-27 所示，单击"装载"，单击"完成"，并单击弹出的"Siemens"窗口的"RUN"，启动仿真，"RUN/STOP"指示灯变绿，如图 1-2-28 所示。

图 1-2-25　"启动仿真禁用所有其它的在线接口"

步骤三：在项目树下，选中"HMI_1"，单击"启动仿真"，可看到计算机屏幕右下"编译"进度条随着程序编译有进度显示，如图 1-2-29 所示。

步骤四：当编译完成后，弹出"RT Simulator"仿真触屏，在仿真的触屏上，单击"启动"，指示灯亮，显示绿色，如图 1-2-30 所示。

步骤五：在项目树下，展开"程序块"，双击打开"Main［OB1］"，单击该窗口工具栏中"启用/禁用监视"按钮，启用监视，可看到程序段中 Q0.0 有输出，如图 1-2-31 所示，实现仿真调试。

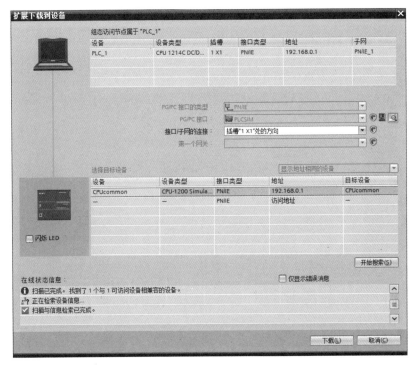

图 1-2-26　搜索设备

图 1-2-27　下载预览

图 1-2-28　单击"RUN"，启动仿真

图 1-2-29　编译进度条

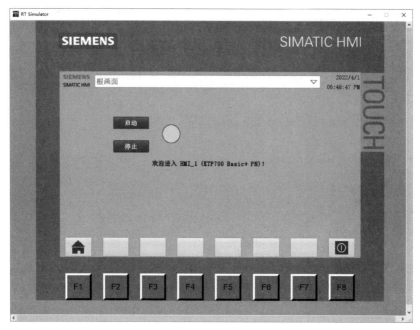

图 1-2-30 弹出"RT Simulator"仿真触屏

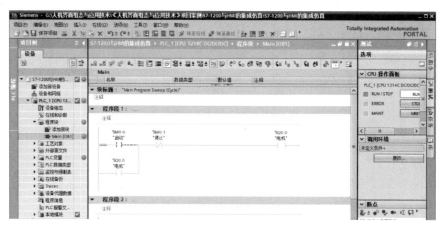

图 1-2-31 启动监视，实现仿真调试

任务三 S7-300 与 HMI 的集成仿真

 **任务描述**

建立 S7-300 PLC 和西门子精简系列面板 HMI 之间的连接，并在 HMI 上设计一个按钮和一个指示灯，如图 1-3-1 所示。

具体要求：

1. 单击"启动"按钮，S7-300 的仿真器 S7-PLCSIM1 的位存储器 MB0 的第 0 位有相应的置位复位变化。

2. 设置 S7-PLCSIM1 的输出变量 QB0 的第 0 位置位复位，可看到 HMI 上指示灯显示绿色和灰色。

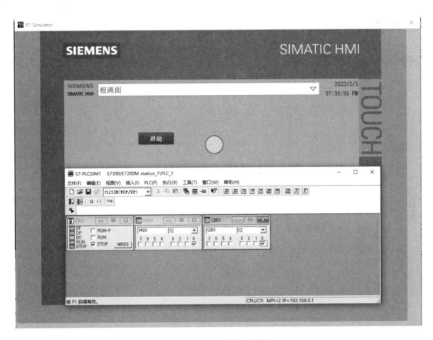

图 1-3-1　任务要求

 相关知识

一、PG/PC 接口设置

为了实现计算机和 HMI 的通信，需要用计算机的控制面板中的"设置 PG/PC 接口"对话框，根据具体情况，选中"为使用的接口分配参数"列表中相应参数。

情况一：使用 S7-PLCSIM 和 WinCC 运行系统的集成仿真

如果手中既没有 HMI 设备，也没有 PLC，可以使用 S7-PLCSIM 和 WinCC 运行系统的集成仿真。

打开 Windows 10 的控制面板，查看方式选择"小图标"，显示"所有的控制面板项"，打开"设置 PG/PC 接口"对话框。单击列表框中的"PLCSIM. TCPIP. 1"，设置应用程序访问点为"S7ONLINE（STEP 7）→PLCSIM. TCPIP. 1"，如图 1-3-2 所示，最后单击"确定"按钮确认。

情况二：连接硬件 PLC 的仿真

如果没有 HMI 设备，但是有 PLC，连接好计算机和 PLC 的 CPU 的通信接口，运行 CPU

中的用户程序，用 WinCC 的运行系统对 HMI 设备的功能进行仿真。

打开"设置 PG/PC 接口"对话框，单击列表框中的"Realtek PCIe FE Family Contronller. TCPIP. 1. Auto. 1"，设置应用程序访问点为"S7ONLINE（STEP 7）→Realtek PCIe FE Family Controller. TCPIP. 1. Auto. 1"，如图 1-3-3 所示，最后单击"确定"按钮确认。

图 1-3-2　程序访问点设置为"S7ONLINE（STEP 7）→PLCSIM. TCPIP. 1"

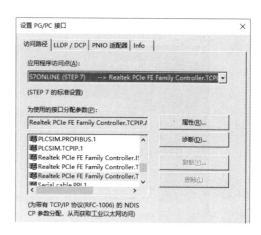

图 1-3-3　程序访问点设置为"S7ONLINE（STEP 7）→Realtek PCIe FE Family Controller. TCPIP. 1. Auto. 1"

二、设置计算机网卡的 IP 地址

用以太网电缆连接计算机和 PLC 的 CPU，打开"控制面板"，单击"网络和共享中心"，再单击"更改适配器设置"，打开"网络连接"，选中"以太网"并单击右键，单击"属性"，打开"以太网属性"对话框，如图 1-3-4 所示，双击该对话框列表中的"Internet 协议版本 4（TCP/IPv4）"，打开它的属性对话框，如图 1-3-5 所示。

用单选框选中"使用下面的 IP 地址"，键入 PLC 以太网接口默认的子网地址 192.168.0，IP 地址的第 4 个字节可以取 0~255 中的某个值，但是不能与子网中其他设备的 IP 地址重叠。单击"子网掩码"输入框，自动出现默认的子网掩码 255.255.255.0。一般不用设置网关的 IP 地址。

用以太网电缆连接 PLC 和计算机的 RJ45 接口，接通 PLC 的电源。选中博途

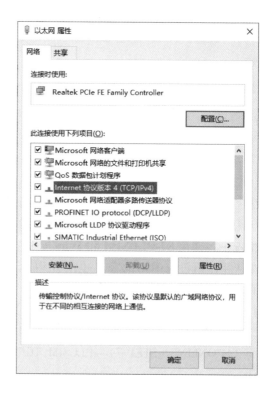

图 1-3-4　"以太网属性"对话框

中的 PLC_1 站点,单击工具栏上的"下载"按钮,第一次下载时出现"扩展的下载到设备"对话框。设置好"PG/PC 接口的类型""PG/PC 接口"和"接口/子网的连接"后,单击"开始搜索"按钮,显示搜索到的 IP 地址。

图 1-3-5　设置 IP 地址为"192.168.0.11"

技能操作

一、创建项目

双击计算机桌面"TIA Portal V15.1"图标,打开软件,单击"创建新项目",在项目名称栏中输入"S7-300 与 HMI 的集成仿真",单击"创建"。

二、添加 PLC

单击屏幕左下侧"项目视图",将软件界面切换到"项目视图",在项目树下,双击"添加新设备",弹出"添加新设备窗口",选中"控制器",单击"SIMATIC S7-300"→"CPU"→"CPU 315-2 PN/DP"→"6ES7 315-2EH14-0AB0",选中版本为 V3.2,如图 1-3-6 所示,单击"确定",完成 PLC 添加。

三、添加 HMI

在项目树下,双击"添加新设备",弹出"添加新设备窗口",选中"HMI",单击"SIMATIC 精简系列面板"→"7″显示屏"→"TP700 Basic"→"6AV2 123-2GB03-0AX0",选中版本为 15.1.0.0,单击"确定",弹出"HMI 设备向导",单击"浏览"右侧的下拉菜单,选中"PLC_1",单击"完成",完成 HMI 添加以及与 PLC 的连接。

图 1-3-6 添加 PLC

四、PLC 变量添加

在项目树下，展开"PLC 变量"，双击打开"默认变量表"，添加变量"启动"，数据类型为"Bool"，地址为"M0.0"；添加变量"电机"，数据类型为"Bool"，地址为"Q0.0"，如图 1-3-7 所示。

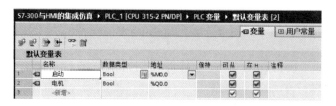

图 1-3-7 PLC 变量添加

五、触屏画面设计

步骤一：在项目树下，展开"画面"，双击打开"根画面"。

步骤二：打开右侧"工具箱"，展开"元素"，选中"按钮"，再在画面中单击鼠标，生成一个"按钮_1"，修改文本为"启动"。

步骤三：选中"启动"，单击鼠标右键→属性，打开"事件"选项卡，选中"按下"，添加函数"取反位"，变量设定为"启动"，如图 1-3-8 所示。

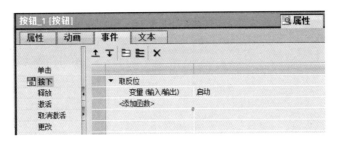

图 1-3-8　"按钮_1"的属性设置

步骤四：在"工具箱"中，展开"基本对象"，选中"圆"，再在画面中单击鼠标，生成一个"圆_1"。

步骤五：选中"圆_1"，单击鼠标右键→属性，打开"动画"选项卡，展开"显示"，双击"添加新动画"，弹出"添加动画"，选中"外观"，单击"确定"。

步骤六：在生成的"外观"中，设定变量为"电机"；增加范围为"0"，背景色为灰色"222，219，222"；增加范围为"1"，背景色为绿色"0，255，0"，如图 1-3-9 所示。

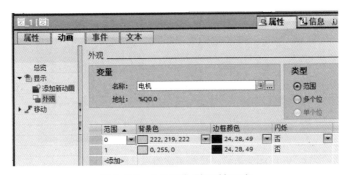

图 1-3-9　"外观"的属性设定

六、仿真调试

步骤一：在项目树下，选中"PLC_1"，单击"启动仿真"，弹出"启动仿真将禁用所有其它的在线接口"对话框，如图 1-3-10 所示，单击"确定"，弹出"S7-PLCSIM1"仿真器窗口和"扩展下载到设备"下载窗口。在下载窗口，接口/子网的连接选择"插槽 2×2 处方向"，单击"开始搜索"，如图 1-3-11 所示，单击"下载"，在弹出的对话框中，如图 1-3-12 所示，单击"是"，将相关设置保存为 PG/PC 接口的默认值，并进行编译，编译完成后弹出"下载预览"窗口，如图 1-3-13 所示，单击"装载"。

图 1-3-10　"启动仿真将禁用所有其它的在线接口"

步骤二：在项目树下，选中"HMI_1"，单击"启动仿真"，开始进行编译，编译完成后，弹出"RT Simulator"仿真界面。

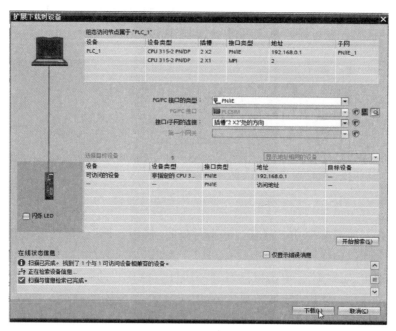

图 1-3-11　扩展下载到设备

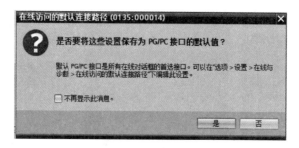

图 1-3-12　在线访问的默认连接路径

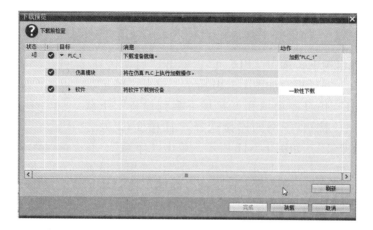

图 1-3-13　下载预览

步骤三：在打开的"S7-PLCSIM1"仿真器窗口，勾选"RUN"，如图 1-3-14 所示，启动仿真器。

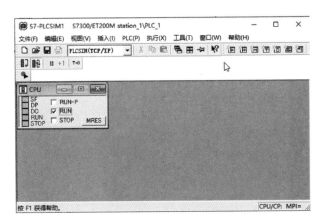

图 1-3-14 启动仿真器

步骤四：在打开的"S7-PLCSIM1"窗口，单击"插入"→"位存储器"MB0 和"输出变量"QB0，如图 1-3-15 所示。

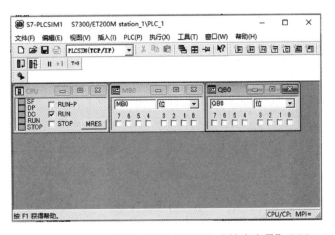

图 1-3-15 打开"位存储器"MB0 和"输出变量"QB0

步骤五：在仿真触屏中，单击"启动"按钮，可看到 MB0 窗口的第"0"位置位，再单击"启动"按钮，可看到 MB0 窗口的第"0"位复位；在"S7-PLCSIM1"窗口中设定 QB0 窗口的第"0"位置位，则触屏上指示灯显示绿色；设定 QB0 窗口的第"0"位复位，则触屏上指示灯显示灰色。

02

项目二　小车移动监控系统

任务一　按钮制作

任务描述

如图 2-1-1 所示，在 HMI 界面制作三种按钮，并根据触摸屏中按钮的常见功能，完成四个子任务。

➤ 子任务一：按钮的"按 1 松 0"功能实现
➤ 子任务二：按钮的置位和复位功能实现
➤ 子任务三：按钮的变量计数功能实现
➤ 子任务四：按钮的画面切换功能实现

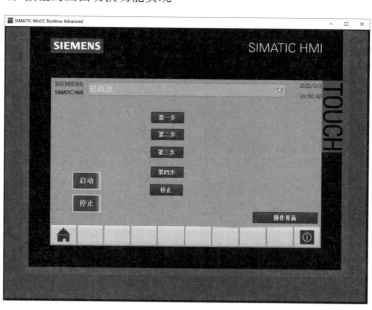

图 2-1-1　任务要求

相关知识

按钮最主要的功能是在单击它时执行事先组态好的系统函数，使用按钮就可以完成各种丰富多彩的任务。

子任务一：按钮的"按 1 松 0"功能实现

任务导入

在西门子精智面板上制作一个按钮，按下该按钮，则可以实现其关联的 PLC 输出 Q0.0 置位，如图 2-1-2 所示；松开该按钮，则 PLC 输出 Q0.0 复位，如图 2-1-3 所示。

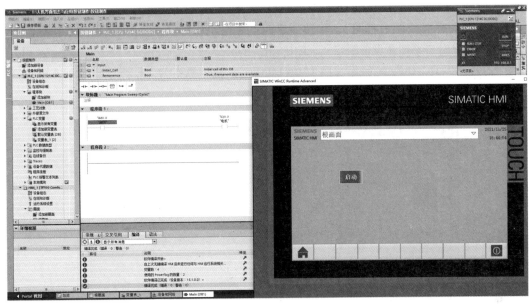

图 2-1-2　置位状态

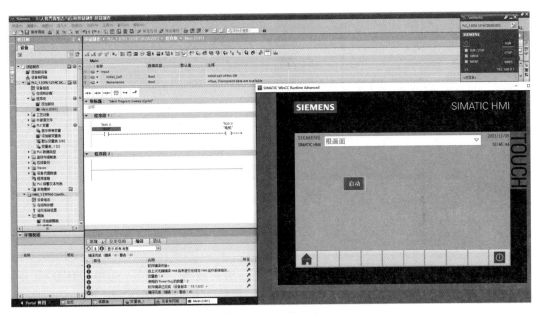

图 2-1-3　复位状态

技能操作

一、创建项目

双击计算机桌面"TIA Portal V15.1"图标，打开软件，单击"创建新项目"，在项目名称栏中输入"小车移动监控系统"，单击"创建"。

二、添加 PLC

单击屏幕左下侧"项目视图"，将软件界面切换到"项目视图"，在项目树下，双击"添加新设备"，弹出"添加新设备窗口"，选中"控制器"，单击"SIMATIC S7-1200"→"CPU"→"CPU 1214C DC/DC/DC"→"6ES7 214-1AG40-0XB0"，选中版本为 V4.2，如图 2-1-4 所示，单击"确定"，完成 PLC 添加。

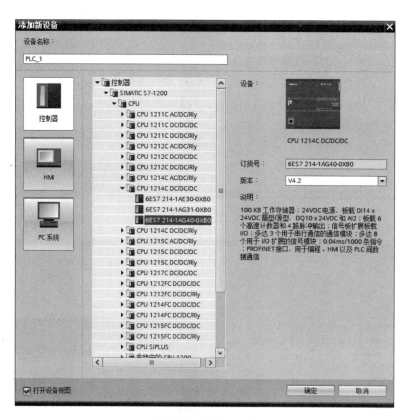

图 2-1-4　添加 PLC

三、添加 HMI

在项目树下，双击"添加新设备"，弹出"添加新设备"窗口，选中"HMI"，单击"SIMATIC 精智面板"→"7″显示屏"→"TP700 Comfort"→"6AV2 124-0GC01-0AX0"，选中版本为 15.1.0.0，如图 2-1-5 所示，单击"确定"，弹出"HMI 设备向导"，单击"浏览"右侧的下拉菜单，如图 2-1-6 所示，选中"PLC_1"，单击"完成"，完成 HMI 添加以及与 PLC的连接。

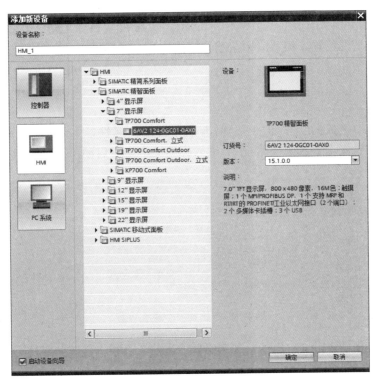

图 2-1-5　添加 HMI

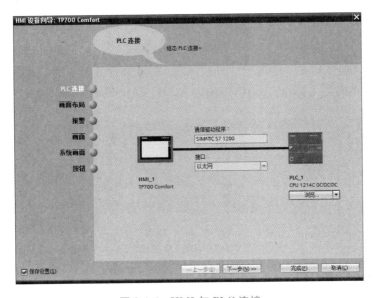

图 2-1-6　HMI 与 PLC 连接

四、生成按钮

在项目树下，展开"HMI_1"→"画面"，双击打开"根画面"，删除"根画面"中多余的文字。展开软件界面右侧工具箱"元素"栏，选中"按钮"，如图 2-1-7 所示，然后在"根画面"中选中合适的位置，按下鼠标左键，拖拽鼠标，松开鼠标，生成一个"按钮_1"。

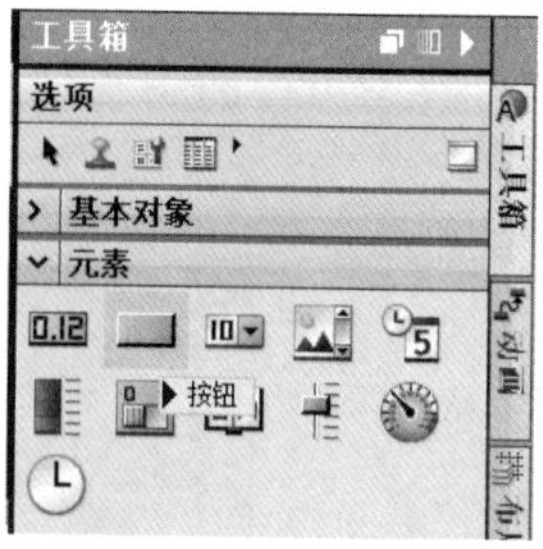

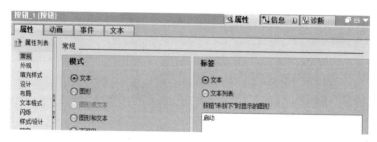

图 2-1-7　选中"按钮"

五、按钮美观设计

步骤一： 选中生成的"按钮_1"，单击鼠标右键→属性，打开其"属性"选项卡，选中"常规"，输入标签文本为"启动"，如图 2-1-8 所示。

图 2-1-8　"按钮_1"属性设置

步骤二： 选中"按钮_1"启动，利用屏幕上方的工具栏，修改其字体为"宋体"，字号为"21"，如图 2-1-9 所示。

图 2-1-9　修改字体为"宋体"，字号为"21"

步骤三： 在"属性列表"中选中"外观"，修改"填充图案"为"水平梯度"，边框宽度为"2"，边框样式为"实心"，边框颜色为"204，255，204"，如图 2-1-10 所示。

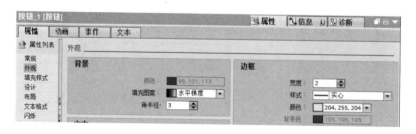

图 2-1-10　修改按钮外观

步骤四： 选中"填充样式"，修改梯度背景色为"0，128，0"，梯度 1 颜色为"51，153，102"，梯度 2 颜色为"0，255，0"，如图 2-1-11 所示。

图 2-1-11　修改按钮填充样式

步骤五：选中"布局",修改宽度为"50",高度为"85",如图 2-1-12 所示。

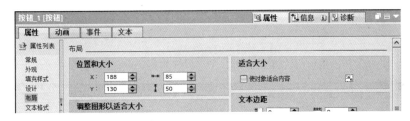

图 2-1-12　设置按钮布局

六、PLC 变量设置及程序编写

步骤一：在项目树下,展开"PLC_1"→"PLC 变量",双击"添加新变量表",在项目树下新生成一个"变量表_1〔0〕",如图 2-1-13 所示,双击打开该变量表,在名称栏中输入"启动",数据类型为"Bool",地址设定为"M0.0";再在名称栏中输入"电机",数据类型为"Bool",地址设定为"Q0.0",如图 2-1-14 所示。

步骤二：在项目树下,展开"程序块",双击打开"Main〔OB1〕",在程序编辑窗口添加"程序段 1",如图 2-1-15 所示。

七、按钮功能实现

方法一：在项目树下,展开"画面",双击"根画面",回到触屏设计界面,选中"启动按钮",打开其"事件"选项卡,选中"按下",单击"添加函数"右侧下拉菜单,选中"编辑位"→"置位位",如图 2-1-16 所示;单击"变量"右侧拓展按钮,选中"PLC 变量"→"变量表_1"→"启动",如图 2-1-17 所示,单击"√",其"事件"选项卡如图 2-1-18 所示。再选中"释放",添加函数"编辑位"→

图 2-1-13　项目树下新生成一个
"变量表_1〔0〕"

"复位位"，变量设定为"启动"，如图 2-1-19 所示。

图 2-1-14　设置变量名称、数据类型及地址设定

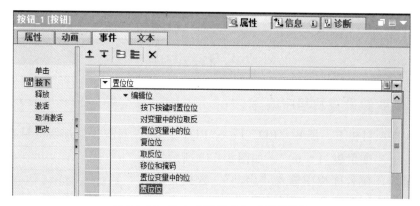

图 2-1-15　添加"程序段 1"

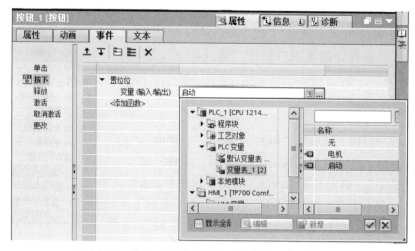

图 2-1-16　选中"编辑位"→"置位位"

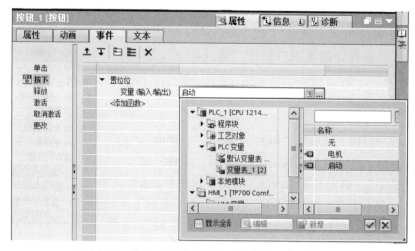

图 2-1-17　选中"PLC 变量"→"变量表_1"→"启动"

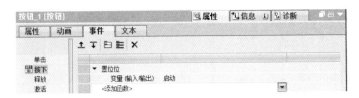

图 2-1-18　按下"按钮_1"的属性设置完成

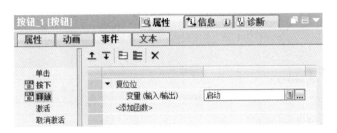

图 2-1-19　释放"按钮_1"的属性设置

方法二：单击屏幕下方的"根画面"，如图 2-1-20 所示，回到触屏设计界面，选中"启动"按钮"，打开其"事件"选项卡，选中"按下"，单击"添加函数"右侧下拉菜单，选中"编辑位"→"按下按键时置位位"，单击"变量"右侧拓展按钮，选中"PLC 变量"→"变量表_1"→"启动"，单击"确定"，如图 2-1-21 所示。

图 2-1-20　单击"根画面"

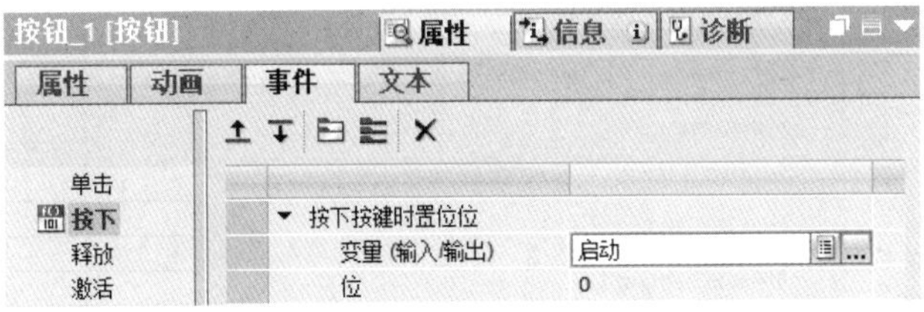

图 2-1-21　完成"按钮_1"的设置

八、仿真运行

步骤一：同时按下键盘 win+R 键，在弹出的运行窗口内输入英文"control"，如图 2-1-22 所示，单击"确定"，打开计算机的"控制面板"，如图 2-1-23 所示；单击"查看方式"右侧的下拉菜单，选中"小图标"，查找并选中"设置 PG/PC 接口（32 位）"，如图 2-1-24 所示，弹出"设置 PG/PC 接口"窗口，滚动鼠标滚轮找到并选中"PLCSIM.TCPIP.1"，如图 2-1-25 所示，单击"确定"。

图 2-1-22　在运行窗口输入"control"

49

图 2-1-23 打开计算机的"控制面板"

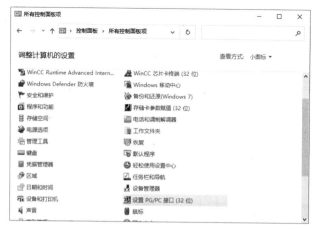

图 2-1-24 选中"设置 PG/PC 接口（32 位)"

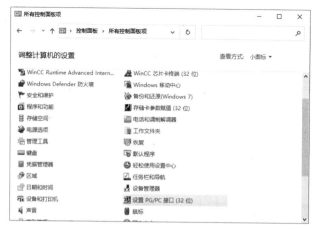

图 2-1-25 选中"PLCSIM. TCPIP. 1"，单击确定

步骤二：在项目树下，选中"PLC_1"，单击"启动仿真"，弹出"启动仿真支持（0626：000013）"，如图 2-1-26 所示，单击"确定"，弹出"启动仿真支持（0626：000002）"，如图 2-1-27 所示，再单击"确定"，弹出"扩展下载到设备"，接口/子网的连接选择"插槽1×1 处方向"，单击"开始搜索"，单击"下载"，如图 2-1-28 所示，弹出"下载预览"，单击"装载"，如图 2-1-29 所示，单击"完成"；在"Siemens"窗口中，单击"RUN"，如图 2-1-30 所示。

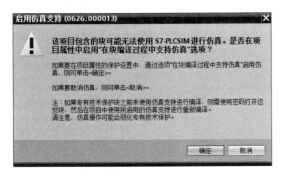

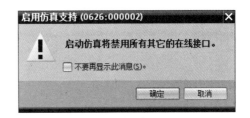

图 2-1-26　"启动仿真支持（0626：000013）"　　图 2-1-27　"启用仿真支持（0626：000002）"

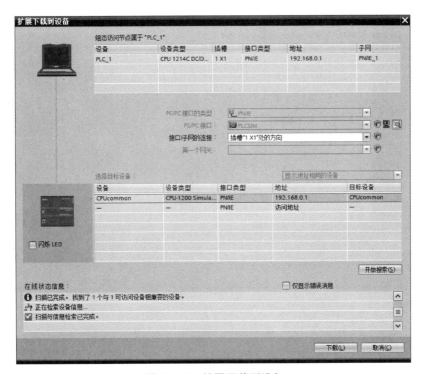

图 2-1-28　扩展下载到设备

步骤三：在项目树下，选中"HMI_1"，单击"启动仿真"，弹出仿真触屏窗口，如图 2-1-31 所示。

步骤四：调整画面显示，然后在项目树下，双击"程序块"下的"Main［OB1］"，打开程序编辑窗口，单击该窗口工具栏中"启用/禁用监视"按钮，如图 2-1-32 所示，启用监视。

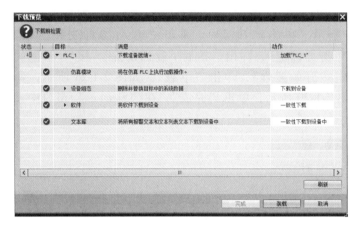

图 2-1-29　下载预览

图 2-1-30　"Siemens" 窗口中，
单击 "RUN"

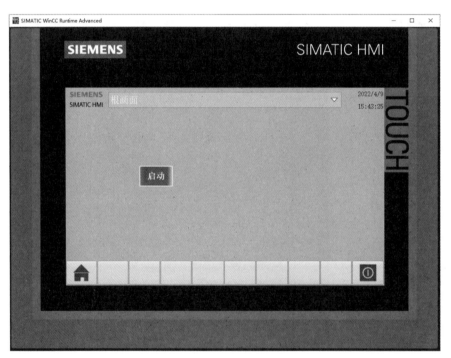

图 2-1-31　仿真触屏窗口

图 2-1-32　启用监视

步骤五：在触屏仿真界面，按下"启动按钮"，从 PLC 程序监控画面可看到 PLC 输出 Q0.0 置位；松开该按钮，则 PLC 输出 Q0.0 复位。

子任务二：按钮的置位和复位功能实现

 **任务导入**

在子任务一的基础上，增加一个"停止"按钮，按下"启动"按钮，则可以实现其关联的 PLC 输出 Q0.0 置位；按下"停止"按钮，则 PLC 输出 Q0.0 复位。

 **技能操作**

一、制作"停止"按钮

步骤一： 在项目树下，展开"画面"，双击打开"根画面"中，选中"按钮_1"启动按钮，通过键盘按下 Ctrl，同时拖拽鼠标，复制生成一个"按钮_2"。

步骤二： 选中"按钮_2"，单击鼠标右键→属性，打开其"属性"选项卡，选中"常规"，修改其标签文本为"停止"；打开其"事件"选项卡，选中"按下"，添加函数为"编辑位"→"复位位"，设置变量为"启动"，如图 2-1-33 所示。

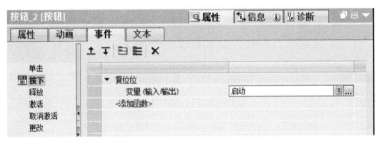

图 2-1-33　按钮_2 的属性设置

步骤三： 选中"按钮_1"启动按钮，打开其"事件"选项卡，选中"按下"，修改其函数为"置位位"，"变量"仍为"启动"。

二、仿真运行

步骤一： 在项目树下，选中"HMI_1"，单击"启动仿真"。
步骤二： 调整画面显示，打开 PLC 程序监视界面。
步骤三： 在触屏仿真界面，按下"启动"按钮，PLC 输出 Q0.0 置位；按下"停止"按钮，则 PLC 输出 Q0.0 复位。

子任务三：按钮的变量计数功能实现

 **任务导入**

如图 2-1-1 所示，在触屏上制作五个工步按钮，分别为"第一步""第二步""第三步"

"第四步""停止"，对应某设备的运行工步，该工步由 PLC 的"工步"变量来控制。其按钮与变量"工步"的对应关系见表 2-1-1。

表 2-1-1　按钮和变量数值对应关系

按钮	变量数值
第一步	工步 = 1
第二步	工步 = 2
第三步	工步 = 3
第四步	工步 = 4
停止	工步 = 0

技能操作

一、制作工步按钮

步骤一： 在项目树下，展开"PLC_1"→"程序块"，双击"添加新块"，在弹出的窗口中，选中"DB 数据块"，修改名称为"工位运行"，如图 2-1-34 所示，单击"确定"，在项目树下，生成一个"工位运行［DB1］"，如图 2-1-35 所示。

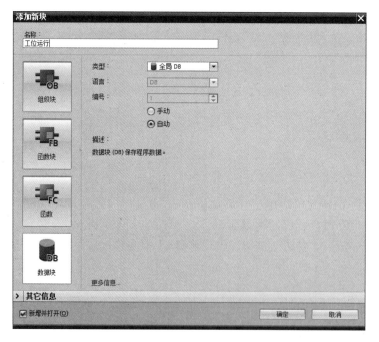

图 2-1-34　选中"DB 数据块"，修改名称为"工位运行"

图 2-1-35　在项目树下生成一个"工位运行［DB1］"

步骤二：在项目树下，双击打开"工位运行［DB1］"，在"名称"栏中输入"工步"，数据类型为"int"，如图 2-1-36 所示。

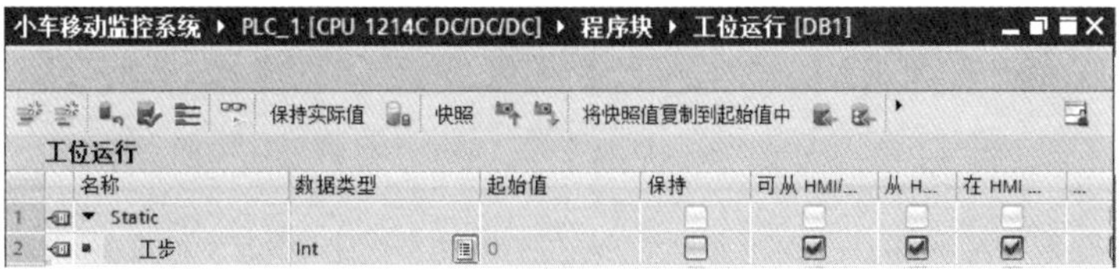

图 2-1-36　"名称"栏输入"工步"，数据类型为"int"

步骤三：在"根画面"中，利用"元素"栏中"按钮"，制作"按钮_3"，打开其"属性"选项卡，选中"常规"，修改标签文本为"第一步"。

步骤四：选中"第一步"按钮，打开其"事件"选项卡，选中"单击"，单击"添加函数"右侧下拉菜单，选中"计算脚本"→"设置变量"，单击"变量"右侧拓展按钮，选中"程序块"→"工位运行"→"工步"，单击"√"，其"值"设定为"1"，如图 2-1-37 所示。

图 2-1-37　"第一步"按钮属性设置

步骤五：选中"第一步"按钮，通过键盘按下 Ctrl，同时拖拽鼠标，实现"第一步"按钮的复制，复制四个按钮，分别打开其"属性"选项卡，选中"常规"，修改标签文本为"第二步""第三步""第四步""停止"；再依次打开其"事件"选项卡，修改变量"值"分别为"2""3""4"和"0"。

二、仿真运行

步骤一：在项目树下，选中"PLC_1"，单击"启动仿真"，单击"确定"，接口/子网的连接选择"插槽1×1处方向"，单击"开始搜索"，单击"下载"，单击"装载"，单击"完成"，单击"RUN"。

步骤二：在项目树下，选中"HMI_1"，单击"启动仿真"。

步骤三：在项目树下，双击打开"工位运行"，打开"全部监视"，如图 2-1-38 所示。

图 2-1-38　打开"全部监视"

步骤四：调整显示画面，在触屏仿真界面，按下"第一步"按钮，"工位运行"监视界面中，"工步"监视值显示为"1"；按下"第二步"按钮，"工步"监视值显示为"2"；按下"第三步"按钮，"工步"监视值显示为"3"；按下"第四步"按钮，"工步"监视值显示为"4"；按下"停止"按钮，"工步"监视值显示为"0"。

<h2 style="text-align:center">子任务四：按钮的画面切换功能实现</h2>

 **任务导入**

制作两个触屏界面"主界面"和"操作界面"，利用按钮能进行两个页面之间的切换。

技能操作

一、制作"主界面"和"操作界面"

步骤一：在项目树下，展开"HMI_1"→"画面"，双击打开"根画面"，打开其"属性"选项卡，选中"常规"，修改其样式名称为"主界面"，如图 2-1-39 所示；

图 2-1-39　主界面

步骤二：在项目树下，双击"添加新画面"，在项目树下生成一个"画面_1"，打开其"属性"选项卡，选中"常规"，修改其样式名称为"操作界面"。

二、切换按钮制作

方法一：单击屏幕下方"主界面"，切换编辑窗口为"主界面"，在项目树下选中"操作界面"，并按住鼠标左键，将选中的"操作界面"拖拽到编辑窗口的"主界面"上；再单击屏幕下方"操作界面"，切换编辑窗口为"操作界面"，在项目树下选中"主界面"，并按住鼠标左键，将选中的"主界面"拖拽到编辑窗口的"操作界面"上。

方法二：在"主界面"中，利用"元素"栏中"按钮"，制作"按钮_8"，打开其"属性"选项卡，选中"常规"，修改标签文本为"操作界面"，如图 2-1-40 所示；打开其"事件"选项卡，选中"单击"，单击"添加函数"右侧下拉菜单，选中"画面"→"激活屏幕"，单击"画面名称"右侧拓展按钮，选中"操作界面"，如图 2-1-41 所示。在"操作界面"中，利用"元素"栏中"按钮"，制作"按钮_1"，打开其"属性"选项卡，选中"常规"，修改标签文本为"主界面"；打开其"事件"选项卡，选中"单击"，单击"添加函数"右侧下拉菜单，选中"画面"→"激活屏幕"，单击"画面名称"右侧拓展按钮，选中"主界面"。

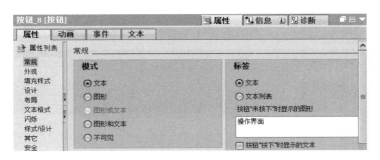

图 2-1-40 修改标签文本为"操作界面"

图 2-1-41 单击"画面名称"右侧拓展按钮，选中"操作界面"

三、仿真运行

步骤一：在项目树下，选中"HMI_1"，单击"启动仿真"。

步骤二：在触屏画面中，单击"操作界面"，界面切换到"操作界面"；单击"主界面"，界面切换到"主界面"。

任务二 I/O 域使用

 **任务描述**

在任务一的基础上，利用 I/O 域在触屏"主界面"上制作两个方框，如图 2-2-1 所示。

具体要求：

1. 第一个方框作为输入框，用来设定设备的电机频率。当往该方框输入"30.55"，则 PLC 内部中对应的"设定电机频率"变量将被设置为"30.55"。

2. 第二方框作为输出框，用来显示设备的当前电机频率。当设置设备当前运行频率为"20.65"，则在触屏仿真界面上第二个"I/O 域"框中显示其频率为"+20.65"。

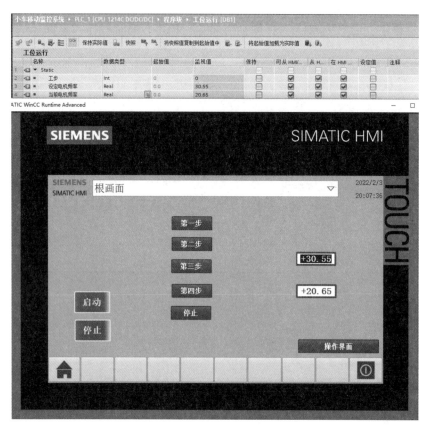

图 2-2-1　任务要求

 相关知识

I 是输入（Input）的简称，O 是输出（Output）的简称。输入域与输出域统称为 I/O 域。
I/O 域的分类：

（1）输出域：只显示变量的数值。

（2）输入域：用于操作员输入要传送到 PLC 指定地址的数字、字母或符号，将输入的数值保存到指定的变量中。

（3）输入/输出域：同时具有输入和输出功能，操作员可以用它来修改变量的数值，并将修改后的数值显示出来。

技能操作

一、"I/O 域"框制作

步骤一：在项目树下，展开 "PLC_1" → "程序块" → "工位运行［DB1］"，双击打开 "工位运行" 数据 DB 块，在弹出的窗口中，单击 "添加行"，新增一行，设定名称为 "设定电机频率"，数据类型为"Real"；再新增一行，设定名称为"当前运行频率"，数据类型为"Real"，如图 2-2-2 所示。

步骤二：在项目树下，展开"HMI_1"→"画面"，双击打开"主界面"；在软件界面右侧，展开"工具箱"→"元素"，选中"I/O 域"，如图 2-2-3 所示，然后在"根画面"中选中合适的位置，按下鼠标左键，拖拽鼠标，松开鼠标，生成一个"I/O 域_1"框。

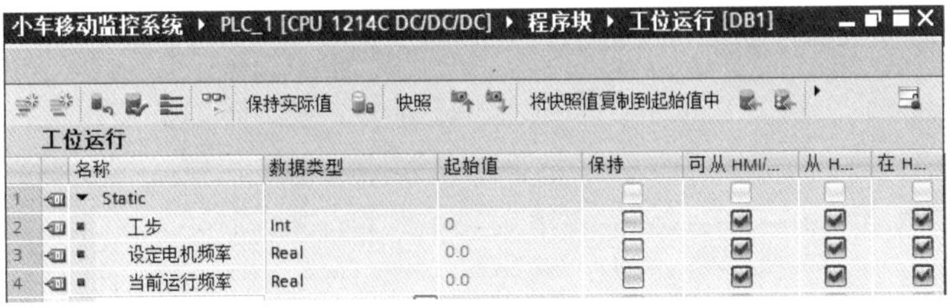

图 2-2-2　添加行，分别命名为"设定电机频率"
和"当前运行频率"

图 2-2-3　选中"I/O 域"

步骤三：选中该"I/O 域_1"，单击鼠标右键→属性，打开其"属性"选项卡，选中"常规"，设定其过程变量为"工位运行_设定电机频率"，类型模式为"输入/输出"（如果是作为输入框，建议选用"输入/输出"，以便于程序中变量值发生变化时，该输入框也可作为"输出框"使用）；格式为"十进制"，格式样式为"s99.99"（其中 s 为"符号位"，且显示数据有两位小数），如图 2-2-4 所示；选中"文本格式"，设定"格式"字体为"宋体，19px，style＝Bold"，"对齐"水平为"居中"，如图 2-2-5 所示。

图 2-2-4　"I/O 域_1"常规设置

图 2-2-5　"I/O 域_1"文本格式设置

步骤四：复制粘贴刚制作好的"I/O 域"框，生成一个"I/O 域_2"，打开其"属性"选项卡，选中"常规"，修改过程变量为"工位运行_当前运行频率"，类型模式为"输出"，格式为"十进制"，格式样式为"s99.99"，如图 2-2-6 所示。

图 2-2-6 "I/O 域_2"设置

二、仿真运行

步骤一：在项目树下，选中"PLC_1"，单击"启动仿真"，单击"确定"，单击"装载"，单击"完成"，单击"RUN"。

步骤二：在项目树下，选中"HMI_1"，单击"启动仿真"。

步骤三：在项目树下，双击打开"工位运行"，打开"全部监视"。

步骤四：调整显示画面，在触屏仿真界面，在第一个"I/O 域"框，输入"30.55"，可看到"工位运行"监视界面中，"设定电机频率"监视值显示为"30.55"；在该监视界面，设定"当前运行频率"为"20.65"，可看到触屏仿真界面中第二个"I/O 域"框中的内容显示为"+20.65"。

任务三　文本域及图形视图使用

任务描述

如图 2-3-1 所示，在任务二基础上，完成：

1. 利用"文本域"，添加"电机设定频率"和"当前电机频率"文字对方框内容进行文字说明。
2. 添加图形视图"北京经济管理职业学院 LOGO"进行图形标注。

技能操作

一、"文本域"添加

步骤一：在项目树下，展开"HMI_1"→"画面"，双击打开"主界面"，在软件界面右

图 2-3-1　任务要求

侧，展开"工具箱"→"基本对象"，选中"文本域"，如图 2-3-2 所示，然后在"根画面"中选中合适的位置，在该位置单击，生成一个"文本域_1"，选中该文本域，打开其"属性"选项卡，选中"常规"，修改文本为"电机设定频率"，样式字体为"宋体，21px，style = Bold"，如图 2-3-3 所示。

图 2-3-2　"文本域_1"添加

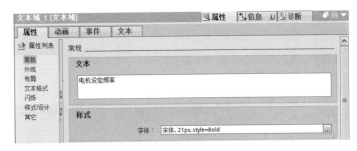

图 2-3-3　设置"文本域_1"的文本和样式

步骤二：通过复制粘贴，生成一个"文本域_2"，选中该文本域，打开其"属性"选项卡，选中"常规"，修改文本为"当前电机频率"。

步骤三：参见图 2-3-1，调整"文本域"和"I/O 域"的位置。

二、"图形视图"添加

步骤一：在软件界面右侧，展开"工具箱"→"基本对象"，选中"图形视图"，如图 2-3-4 所示，然后在"根画面"中选中合适的位置，按下鼠标左键，拖拽鼠标，松开鼠标，生成一个灰色的"图形视图_1"。

步骤二：选中该"图形视图_1"，单击鼠标右键→添加图形，在弹出的窗口中选中相应图片，如图 2-3-5 所示，单击

图 2-3-4　选中"图形视图"

"打开"；打开其"属性"选项卡，选中"外观"，背景填充图案中选中"透明"，如图 2-3-6 所示；绘制完成的"主界面"如图 2-3-7 所示。

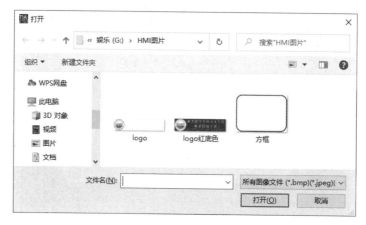

图 2-3-5　选中相应图片

图 2-3-6　设置"图形视图_1"的外观

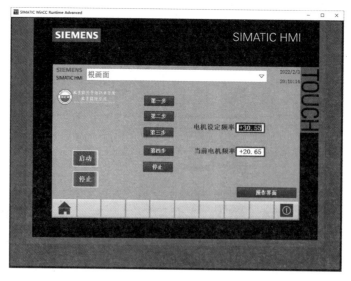

图 2-3-7　"主界面"绘制完成

任务四　移动动画制作

 **任务描述**

如图 2-4-1 所示，在任务三的"操作界面"上，新增一个 I/O 方框，并利用"工具箱"中的矩形、圆，制作一个小车，且能实现小车移动，其要求为：通过在触屏上的"I/O 域"方框，输入 1~100 的数值，控制小车移动的距离。

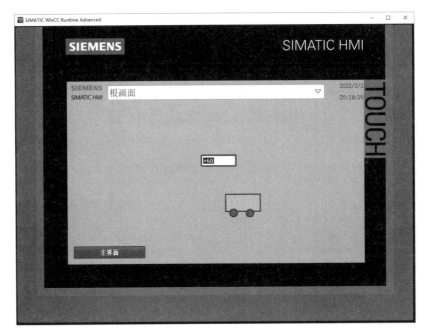

图 2-4-1　任务要求

 **技能操作**

一、"小车外形"制作

步骤一：在项目树下，展开"HMI_1"→"画面"，双击打开"操作界面"，展开"工具箱"→"基本对象"，选中"矩形"，如图 2-4-2 所示，然后在"操作界面"中选中合适的位置，按下鼠标左键，拖拽鼠标，松开鼠标，生成一个"矩形_1"。

步骤二：选中该"矩形_1"，单击鼠标右键→属性，打开其"属性"选项卡，选中"外观"，修改背景颜色为蓝色"0，204，255"；边框宽度为"3"，边框颜色为"0，0，255"，如图 2-4-3 所示。

图 2-4-2　选中"矩形"

图 2-4-3　设置"矩形_1"的外观

步骤三：展开"工具箱"→"基本对象"，选中"圆"，如图 2-4-4 所示，生成一个"圆_1"；选中该"圆_1"，打开其"属性"选项卡，选中"外观"，修改背景颜色为蓝色"51，102，255"；边框宽度为"3"，颜色为"0，0，255"，如图 2-4-5 所示；再在画面选中该"圆_1"，同时按下键盘"Ctrl"和鼠标左键，拖动鼠标，生成一个"圆_2"，完成"圆"图形的复制。

图 2-4-4　选中"圆"

步骤四：选中制作好的"矩形"框和两个"圆"，单击鼠标右键→组合→组合，生成一个"Group"，完成"小车外形"制作，如图 2-4-6 所示。

图 2-4-5　设置"圆_1"外观

图 2-4-6　完成"小车外形"制作

二、"移动动画"制作

步骤一：在项目树下，展开"PLC_1"→"程序块"，双击打开"工位运行"，在编辑窗口，单击"添加行"，新增一个名称为"当前位置"、数据类型为"int"的变量，如图 2-4-7 所示。

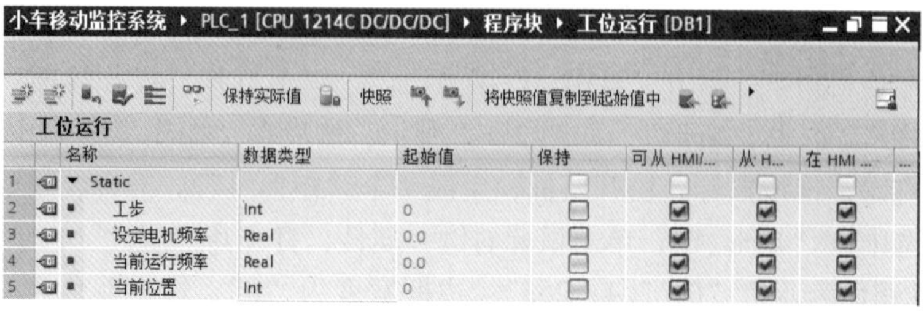

		名称	数据类型	起始值	保持	可从 HMI/...	从 H...	在 HMI ...
1		▼ Static						
2		工步	Int	0	☐	☑	☑	☑
3		设定电机频率	Real	0.0	☐	☑	☑	☑
4		当前运行频率	Real	0.0	☐	☑	☑	☑
5		当前位置	Int	0	☐	☑	☑	☑

图 2-4-7　新增"添加行"，名称为"当前位置"，数据类型为"int"

　　步骤二：单击屏幕下方"操作界面"按钮，展开"操作界面"画面，选中画面中制作好的"小车"，单击鼠标右键→属性，选中"动画"选项卡，展开"移动"，双击"添加新动画"，弹出"添加动画"窗口，选中"水平移动"，弹出 2-4-8 所示，单击"确定"；其变量设定为"工位运行_当前位置"，调整范围从"0"至"100"，起始位置"x"设定为"100"，目标位置"x"设定为"600"，如图 2-4-9 所示。

图 2-4-8　选择要添加的动画——"水平移动"

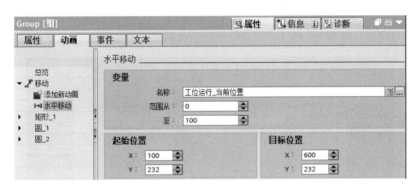

图 2-4-9　动画"水平移动"属性设置

　　步骤三：在"操作界面"添加一个"I/O 域_1"，打开其"属性"选项卡，选中"常规"，设定过程变量为"工位运行_当前位置"，类型为"输入/输出"，如图 2-4-10 所示。

图 2-4-10　添加一个"I/O 域_1"，并设置属性

三、仿真运行

步骤一：在项目树下，选中"PLC_1"，单击"启动仿真"，单击"确定"，单击"开始搜索"，单击"下载"，单击"装载"，单击"完成"，单击"RUN"。

步骤二：在项目树下，选中"HMI_1"，单击"启动仿真"。

步骤三：在仿真界面，单击"操作界面"按钮，进入操作界面。

步骤四：在"I/O域"方框中，输入"60"，可以看到小车移动到所设定距离的60%的位置。

任务五　建立小车移动监控系统

 **任务描述**

在任务四的基础上，建立一个监控画面。

控制要求：

如图2-5-1所示，在操作界面，有一个小车运行在一个绘制好的轨道上。

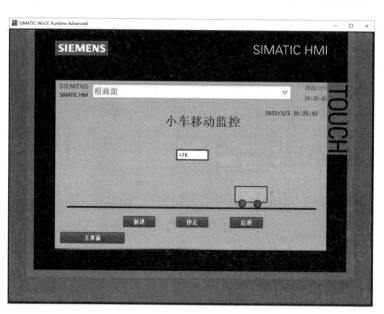

图2-5-1　任务要求

1. 单击"前进"，小车前行，在没有停止命令的前提下，小车一直运动到轨道的最右端，自动停止。

2. 单击"后退"，小车沿原路后退，在没有停止命令的前提下，小车一直后退到轨道的最左端，自动停止。

3. 如果小车处于前进或后退的运行状态下，下达停止命令，小车都要停止在原地不动，直到再次接受前进或后退命令，按命令运行。

4. 屏幕上同时显示小车运行在轨道上的位置及工作日期和时间。

 任务分析

一、列出 PLC 变量

根据控制要求，本任务所涉及的 PLC 变量有 8 个，其地址分配见表 2-5-1。

表 2-5-1　PLC 变量及地址分配

PLC 变量	地址	PLC 变量	地址
前进按钮	M0.0	移动量	MW20
停止按钮	M0.1	定时标志 1	M30.0
后退按钮	M0.2	定时标志 2	M30.1
小车前进标志	M10.0		
小车后退标志	M10.1		

二、PLC 程序设计

1. 小车前行

利用"起保停"程序段，其启动条件是"前进"按钮，停止条件有"停止"按钮、小车已经移动到了轨道的终点、当前小车是处于"后退"状态，其程序如图 2-5-2 所示。

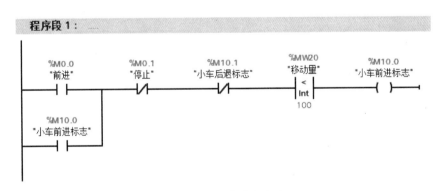

图 2-5-2　小车前行程序

2. 小车移动

程序段 2 利用接通延时指令 TON 和加 1 指令 INC，每隔 200ms，小车位移量加 1 来实现小车移动，其程序如图 2-5-3 所示。

3. 小车后退

同样的原理，编写小车后退的程序，其程序如图 2-5-4 所示。

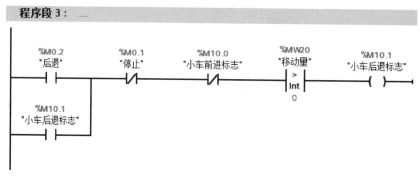

图 2-5-3　小车移动程序

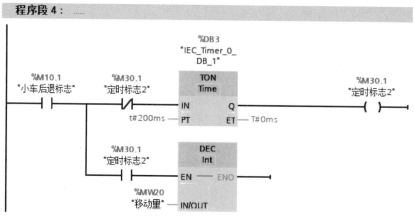

图 2-5-4　小车后退程序

技能操作

一、添加 PLC 变量

在项目树下，展开 "PLC_1" → "PLC 变量"，双击打开 "变量表_1"，在该表中修改变量 "启动" 为 "前进"；添加变量 "停止"，数据类型为 "Bool"，地址为 "M0.1"；变量

"后退"，数据类型为"Bool"，地址为"M0.2"；变量"小车前进标志"，数据类型为"Bool"，地址为"M10.0"；变量"小车后退标志"，数据类型为"Bool"，地址为"M10.1"；变量"移动量"，数据类型为"Int"，地址为"MW20"；变量"定时标志1"，数据类型为"Bool"，地址为"M30.0"；变量"定时标志2"，数据类型为"Bool"，地址为"M30.1"，如图2-5-5所示。

		名称	数据类型	地址	保持	可从…	从H…	在H…	注释
1		前进	Bool	%M0.0		☑	☑	☑	
2		电机	Bool	%Q0.0		☑	☑	☑	
3		停止	Bool	%M0.1		☑	☑	☑	
4		后退	Bool	%M0.2		☑	☑	☑	
5		小车前进标志	Bool	%M10.0		☑	☑	☑	
6		小车后退标志	Bool	%M10.1		☑	☑	☑	
7		移动量	Int	%MW20		☑	☑	☑	
8		定时标志1	Bool	%M30.0		☑	☑	☑	
9		定时标志2	Bool	%M30.1		☑	☑	☑	

图 2-5-5　添加 PLC 变量

二、"监控画面"制作

步骤一：在项目树下，展开"HMI_1"→"画面"，双击打开"操作界面"，展开"工具箱"→"基本对象"，选中"文本"，然后在"操作界面"中选中合适的位置，单击鼠标左键，生成一个"文本域_1"。

步骤二：选中该"文本域_1"，单击鼠标右键→属性，打开其"属性"选项卡，选中"常规"，修改文本为"小车移动监控"；样式字体为"宋体，36px，style＝Bold"；选中"外观"，修改文本颜色为"0，0，255"。

步骤三：展开"工具箱"→"元素"，选中"日期/时间域"，如图2-5-6所示，在画面中生成一个"日期/时间域_1"，选中该"日期/时间域_1"，打开其"属性"选项卡，选中"外观"，修改其背景"填充图案"为"透明"，边框宽度为"0"；选中"布局"，修改左边距和右边距为"10"。

图 2-5-6　选中"日期/时间域"

步骤四：选中该界面中的"I/O域_1"，打开其"属性"选项卡，修改其过程变量为"移动量"。

步骤五：展开"工具箱"→"基本对象"，选中"线"，如图2-5-7所示，在画面中生成一根"线_1"，选中"线_1"，打开其"属性"选项卡，选中"外观"，修改线宽度为"5"，表示小车运行轨道。

步骤六：选中任务四制作好的小车，先将其移动到轨道的起点，再打开其"动画"选项卡中，展开"移动"，选中"水平移动"，拖拽新生成的小车到达轨道的终点，修改其变量的名称为"移动量"。

步骤七：展开"工具箱"→"元素"，选中"按钮"，在画面中生成一个"按钮_2"，打

开其"属性"选项卡，选中"常规"，修改其标签文本
为"前进"；打开其"事件"选项卡中，选中"按下"，
添加函数为"编辑位"→"按下按键时置位位"，变量为
"前进"。

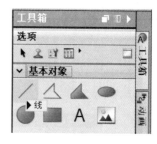

图 2-5-7 选中"线"

步骤八：选中"前进"按钮，按下键盘"Ctrl"，拖
动鼠标，复制两个按钮，并分别修改一按钮标签文本为
"停止"，变量为"停止"；一按钮标签文本为"后退"，
变量为"后退"。

步骤九：在项目树下，展开"HMI 变量"，双击打
开"默认变量表"，修改"移动量"的采样周期为"100ms"。

三、PLC 程序输入

在项目树下，展开"PLC_1"→"程序块"，双击打开"Main〔OB1〕"，在程序编辑窗口
输入相应的程序，其程序如图 2-5-2~图 2-5-4 所示。

四、仿真运行

步骤一：在项目树下，选中"PLC_1"，单击"启动仿真"，单击"装载"，单击"完
成"，单击"RUN"。

步骤二：在项目树下，选中"HMI_1"，单击"启动仿真"。

步骤三：单击"操作界面"，进入小车移动监控，单击"前进"，小车前行；单击"停
止"，小车停止运行；单击"后退"，小车"后退"。

03

项目三　水泵控制监控系统

任务一　指示灯制作

 任务描述

如图 3-1-1 所示，利用圆以及矩形在 HMI 上制作指示灯，根据触摸屏中指示灯实现常见方式，完成两个子任务。

➤ 子任务一：利用填充颜色实现指示灯功能
➤ 子任务二：利用可见度切换实现指示灯功能

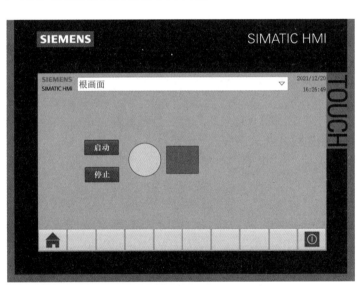

图 3-1-1　任务要求

子任务一：利用填充颜色实现指示灯功能

 **任务导入**

如图 3-1-2 所示，在西门子精智面板上制作一个"圆"的图形，表示电机运行的指示

灯，另外制作两个按钮，当按下"启动"按钮，指示灯显示"绿色"，表示电机运行；当按下"停止"按钮，指示灯显示"灰色"，表示电机停止运行。

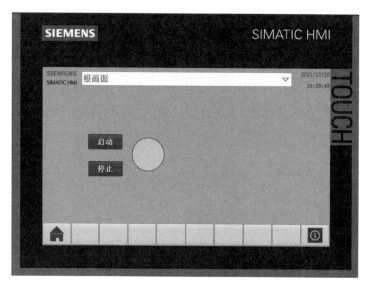

图 3-1-2　任务要求

一、创建项目

双击计算机桌面"TIA Portal V15.1"图标，打开软件，单击"创建新项目"，在项目名称栏中输入"水泵控制监控系统"，回车。

二、添加 PLC

单击屏幕左下侧"项目视图"，将软件界面切换到"项目视图"，在项目树下，双击"添加新设备"，弹出"添加新设备"窗口，选中"控制器"，单击"SIMATIC S7-1200"→"CPU"→"CPU 1214C DC/DC/DC"→"6ES7 214-1AG40-0XB0"，选中版本为 V4.2，单击"确定"，完成 PLC 添加。

三、添加 HMI

在项目树下，双击"添加新设备"，弹出"添加新设备窗口"，选中"HMI"，单击"SIMATIC 精智面板"→"7″显示屏"→"TP700 Comfort"→"6AV2 124-0GC01-0AX0"，选中版本为 15.1.0.0，单击"确定"，弹出"HMI 设备向导"，单击"浏览"右侧的下拉菜单，选中"PLC_1"，单击"完成"，完成 HMI 添加以及与 PLC 的连接。

四、PLC 变量设置及程序编写

步骤一： 在项目树下，选中"PLC_1"→"PLC 变量"，双击"添加新变量表"，在项目树下新生成一个"变量表_1"，如图 3-1-3 所示，双击打开该变量表，在名称栏中输入"启动"，数据类型为"Bool"，地址设定为"M0.0"；再在名称栏中输入"停止"，数据类型为"Bool"，地址设定为"M0.1"；再在名称栏中输入"电机"，数据类型为"Bool"，地址设定为"Q0.0"，如图 3-1-4 所示。

图 3-1-3　新生成一个
"变量表_1"

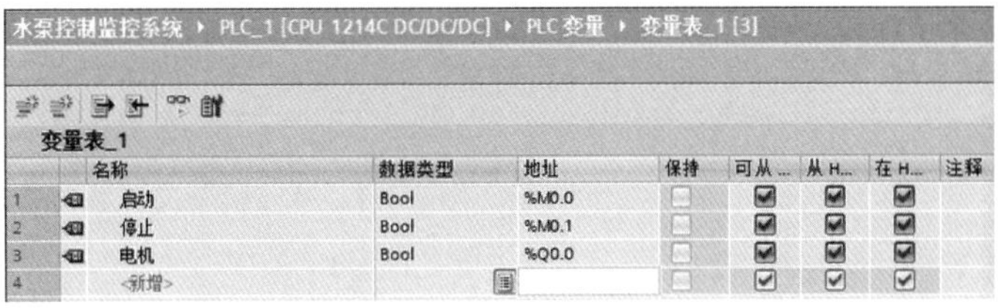

图 3-1-4　设置"变量表_1"的名称、数据类型和地址

步骤二：双击"程序块"下的"Main［OB1］"，在程序编辑窗口添加"程序段 1"，如图 3-1-5 所示。

图 3-1-5　添加"程序段 1"

操作小提示：在项目树下，选中"变量表_1"，则在详细视图显示所有的变量，如图 3-1-6 所示。当编写程序进行变量关联时，可以利用鼠标从详细视图中直接拖拽变量到程序编辑窗口，可以提高程序编写速度。

图 3-1-6　详细视图

五、生成按钮

步骤一：在项目树下，双击"根画面"，打开"根画面"，删除"根画面"中多余的文字。在软件界面右侧工具箱"元素"栏中，选中"按钮"，生成一个"按钮_1"。

步骤二：选中"按钮_1"，单击鼠标右键→属性，在其"属性"选项卡中，选中"常规"，修改标签文本为"启动"，如图 3-1-7 所示；选中"文本格式"，修改格式字体为"宋体，21px，style＝Bold"，如图 3-1-8 所示；在"事件"选项卡中，选中"按下"，添加"编辑位"→"按下按键时置位位"函数，变量关联为"启动"，如图 3-1-9 所示。

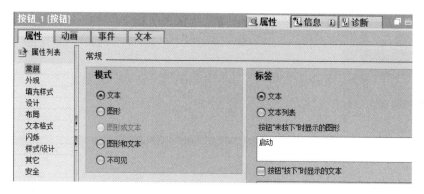

图 3-1-7　修改标签文本为"启动"

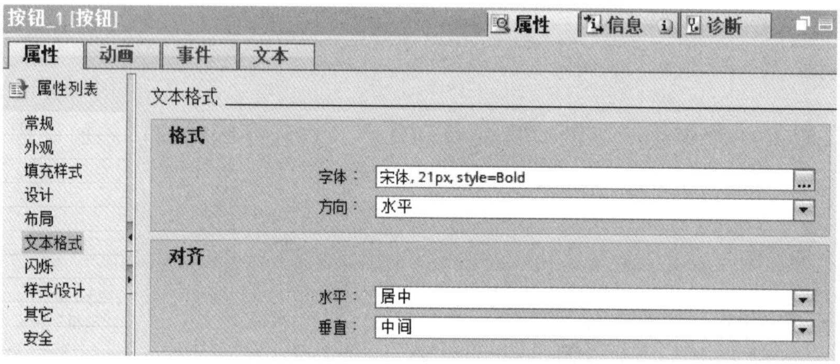

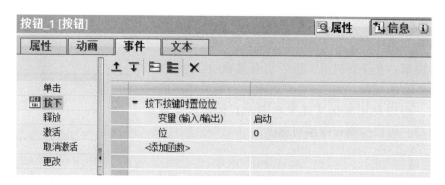

图 3-1-8　修改文本格式

图 3-1-9　"按钮_1""事件"设置

　　步骤三：选中"启动"同时按下"Ctrl"和鼠标左键，并拖动鼠标，复制一个按钮，并修改其标签文本为"停止"，其"按下"函数不变，将变量关联为"停止"，如图 3-1-10 所示。

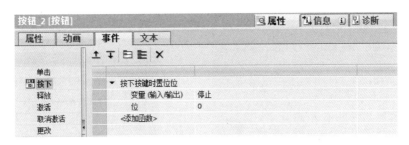

图 3-1-10 "按钮_2" "事件" 设置

六、生成指示灯

步骤一： 选中右侧工具箱"基本对象"中的"圆"，在触屏界面，生成一个图形"圆_1"。

步骤二： 选中"圆_1"图形，单击鼠标右键→属性，在其"动画"选项卡，双击"添加新动画"，弹出"添加动画"窗口，在窗口中选中"外观"，单击"确定"，在其总览列表中生成"外观"条目；选中"外观"条目，将变量关联为"电机"，范围添加"0"，背景色设定为灰色"217，217，217"；范围添加"1"，背景色设定为绿色"0，255，0"，如图 3-1-11 所示。

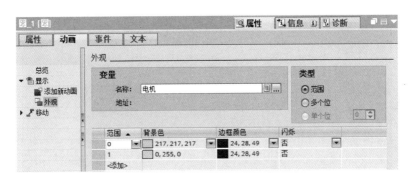

图 3-1-11 "圆_1" "动画" 设置

七、仿真运行

步骤一： 在项目树下，选中"PLC_1"，单击"启动仿真"，弹出"启用仿真支持（0626：000013）"对话框，如图 3-1-12 所示，单击"确定"；弹出"启动仿真支持（0626：000002）"对话框，如图 3-1-13 所示，单击"确定"，弹出"扩展下载到设备"窗口，设置接口/子网的连接为"插槽1×1处方向"，单击"开始搜索"，如图 3-1-14 所示，单击"下载"，弹出"下载预览"窗口，如图 3-1-15 所示，单击"装载"，单击"完成"，并单击"Siemens"窗口的"RUN"，启动仿真，"RUN/STOP"指示灯变绿，如图 3-1-16 所示。

步骤二： 在项目树下，选中"HMI_1"，单击"启动仿真"。

步骤三： 在触屏仿真界面，按下"启动按钮"，指示灯显示"绿色"，电机运行；当按下"停止"按钮，指示灯显示"灰色"，电机停止运行。

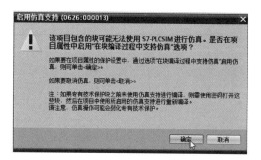

图 3-1-12 "启用仿真支持（0626：000013）"
对话框

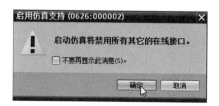

图 3-1-13 "启用仿真支持（0626：000002）"
对话框

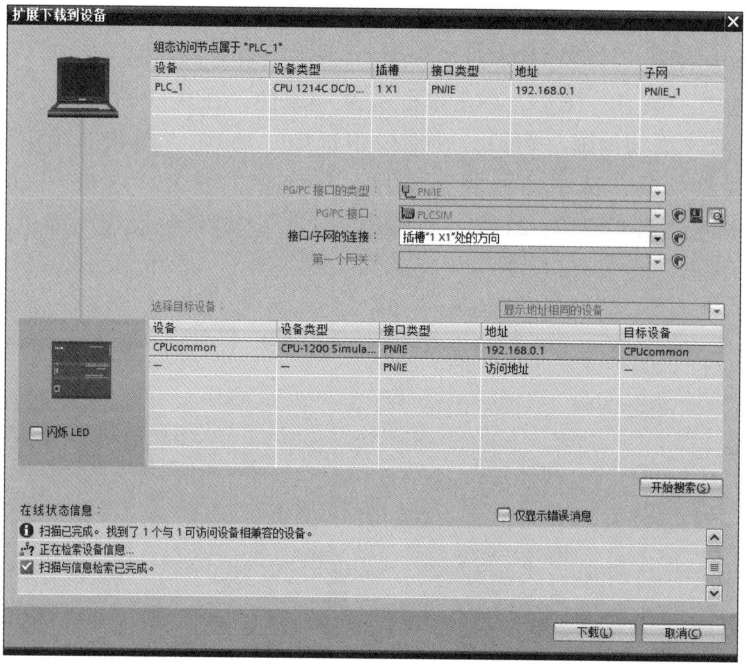

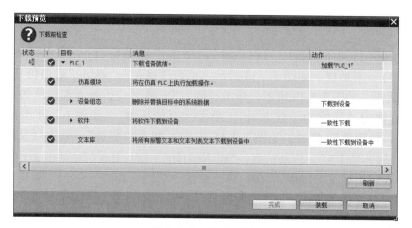

图 3-1-14 扩展下载到设备

图 3-1-15 下载预览

图 3-1-16　启动仿真

子任务二：利用可见度切换实现指示灯功能

任务导入

　　如图 3-1-17 所示，在子任务一的基础上，增加一个"方形"指示灯，当按下"启动"按钮，指示灯显示"绿色"，表示电机运行；当按下"停止"按钮，指示灯显示"红色"，表示电机停止运行。

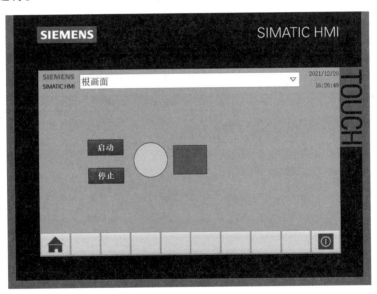

图 3-1-17　任务要求

技能操作

一、制作"方形"指示灯

步骤一： 选中右侧工具箱"基本对象"中的"矩形"，如图 3-1-18 所示，在触屏界面，

生成一个"矩形_1"方框。

　　步骤二：选中该"矩形_1"方框，打开其属性的"属性"选项卡，选中"外观"，修改背景颜色为红色"255，0，0"，如图3-1-19所示；打开"动画"选项卡，双击"添加新动画"，弹出"添加动画"窗口，选中"可见性"，单击"确定"，在总览列表中生成"可见性"条目；选中"可见性"，过程变量关联为"电机"，范围从"0"至"0"，可见性设定为"可见"，如图3-1-20所示。

图 3-1-18　选中"矩形"

　　步骤三：选中"矩形_1"框，同时按下"Ctrl"和鼠标左键，并拖动鼠标，复制生成一个"矩形_2"框，打开其属性的"属性"选项卡，选中"外观"，修改背景颜色为绿色"0，255，0"，如图3-1-21所示；打开"动画"选项卡，选中"可见性"，过程变量关联为"电机"，范围调整从"1"至"1"，可见性设定为"可见"，如图3-1-22所示。

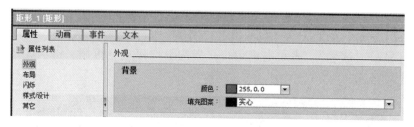

图 3-1-19　"矩形_1"外观设置

图 3-1-20　"矩形_1"动画设置

图 3-1-21　"矩形_2"外观设置

图 3-1-22　"矩形_2"动画设置

步骤四：选中两个"矩形"框，单击工具栏中的"将所选对象居中对齐"，如图 3-1-23 所示，完成两个"矩形"框重叠。

图 3-1-23　"将所选对象居中对齐"

二、仿真运行

步骤一：在项目树下，选中"HMI_1"，单击"启动仿真"。

步骤二：在触屏仿真界面，当按下"启动"按钮，"方框"指示灯显示"绿色"，表示电机运行；当按下"停止"按钮，"方框"指示灯显示"红色"，表示电机停止运行。

任务二　弹出画面制作

 **任务描述**

如图 3-2-1 所示，制作弹出画面"泵操作界面"。

具体要求：

单击触屏上"泵"图标，弹出"泵操作界面"，在弹出的界面，单击"启动"按钮，指示灯显示"绿色"，表电机运行；当按下"停止"按钮，指示灯显示"灰色"，表电机停止运行；当按下"关闭"，"泵操作界面"消失。

 **相关知识**

弹出画面，又称为 Pop-up screen。我们可以使用弹出画面组态 HMI 画面的附加内容，例如对象设置。画面中每次只能显示一个弹出画面。不能用弹出画面中组态报警窗口、系统

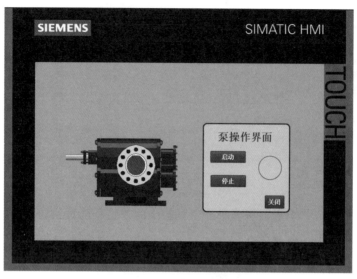

图 3-2-1　任务要求

诊断窗口和报警指示器。调用系统函数"显示弹出画面"时，指定的弹出画面就会出现在当前画面的上面。

 技能操作

一、"画布"整理

步骤一： 在"根画面"任意位置，单击鼠标右键→"属性"，打开其"属性"选项卡，选中"常规"，单击样式"模板"拓展按钮，选中"无"，单击"√"确定，如图 3-2-2 所示。

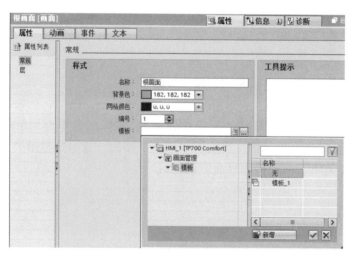

图 3-2-2　"根画面"设置

步骤二：在项目树下，展开"画面管理"，双击打开"永久区域"，在其属性中，打开"属性"选项卡，选中"常规"，修改布局高度为"0"，使得"画布"占据全部画面，如图 3-2-3 所示。

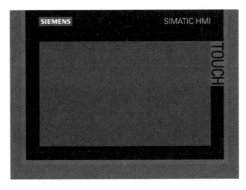

图 3-2-3 "画面管理"

二、变量设置

步骤一：在项目树下，展开"程序块"，双击"添加新块"，弹出"添加新块"窗口，名称设置为"水泵控制"，选中"DB 数据块"，如图 3-2-4 所示，单击"确定"，在项目树下生成一个"水泵控制［DB1］"，如图 3-2-5 所示。

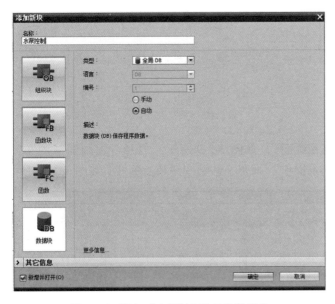

图 3-2-4 添加"水泵控制"DB 数据块

图 3-2-5 在项目树下生成一个
"水泵控制［DB1］"

步骤二：在该 DB 块中，新增一个变量名称为"泵操作"，数据类型为"Struct"；一个变量名称为"关闭"，数据类型为"Bool"，如图 3-2-6 所示。

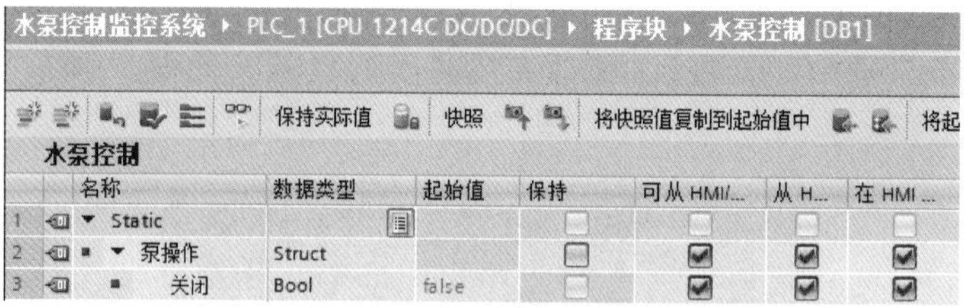

图 3-2-6　在"水泵控制［DB1］"中增加"泵操作"和"关闭"两个变量

三、"弹出画面"制作

步骤一：在项目树下，展开"HMI_1"→"画面管理"→"弹出画面"，双击"添加新的弹出画面"，在项目树下生成"弹出画面_1"，如图 3-2-7 所示，在打开的画面中，单击鼠标右键→"属性"，在其"属性"选项卡中，选中"常规"，修改名称为"泵操作"；选中"布局"，可看到其布局大小为"240 ∗ 240"，如图 3-2-8 所示。

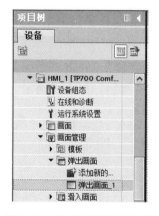

图 3-2-7　生成"弹出画面_1"

图 3-2-8　设置"弹出画面_1"名称为
"泵操作"并修改布局为"240 ∗ 240"

步骤二：在屏幕下方，单击"根画面"，如图 3-2-9 所示，展开"根画面"画布，选中按钮和指示灯进行复制，再打开"泵操作"画布，粘贴按钮和指示灯，如图 3-2-10 所示。

图 3-2-9　单击"根画面"

步骤三：选中右侧工具箱"基本对象"中的"文本域"，生成一个"Text"，修改其文本为"泵操作界面"，格式字体为"宋体，29px，style＝Bold"。

步骤四：选中工具箱"元素"中的"按钮"，生成一个"按钮_3"，修改其文本为"关闭"，打开其"事件"选项卡，选中"按下"，设置"添加函数"为"画面"→"显示弹出画面"，画面名称设定为"泵操作"，显示模式"关"，如图 3-2-11 所示。

步骤五：利用工具箱"基本对象"中的"矩形"，绘制一个"矩形_1"框，修改属性，在其"属性"选项卡中，选中"布局"，修改位置为"x＝0，y＝0"，大小为"240 ∗ 240"，角半径为"x＝10，y＝10"，如图 3-2-12 所示；选中"外观"，修改边框宽度为"3"，如

图 3-2-13 所示；再选中该"矩形_1"，单击鼠标右键→顺序→移到最后，如图 3-2-14 所示，完成后，"泵操作"画面如图 3-2-15 所示。

图 3-2-10 将根画面的按钮和指示灯
复制到"泵操作"画布

图 3-2-11 "按钮_3""事件"设置

图 3-2-12 布局设置

图 3-2-13 外观设置

图 3-2-14 层中构件顺序设置

图 3-2-15 泵操作界面

四、"根画面"修正

步骤一： 在屏幕下方，单击"根画面"，屏幕切换到
"根画面"，利用跟"泵操作界面"画面一样大小"矩形框"
做一个测试，设定"矩形框"大小为"240＊240"角半径为
"x＝10，y＝10"，通过其布局可查看到"矩形框"所在位置
为"x＝488，y＝137"。

步骤二： 选中右侧工具箱"元素"中的"符号库"，如
图 3-2-16 所示，生成一个"符号库_1"图标，修改属性，打
开"属性"选项卡，选中"常规"，在其"类别"中选中
"泵"→"带法兰泵"，如图 3-2-17 所示；打开"事件"选项

图 3-2-16　选中"符号库"

卡，选中"单击"，设置"添加函数"为"画面"→"显示弹出画面"，画面名称设定为"泵
操作"；"x 坐标"为 488，"y 坐标"为 137，显示模式"开"，如图 3-2-18 所示。

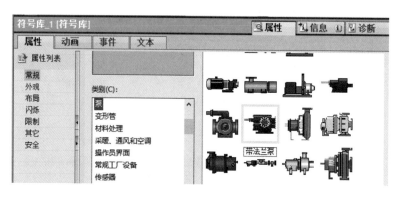

图 3-2-17　选中"泵"→"带法兰泵"

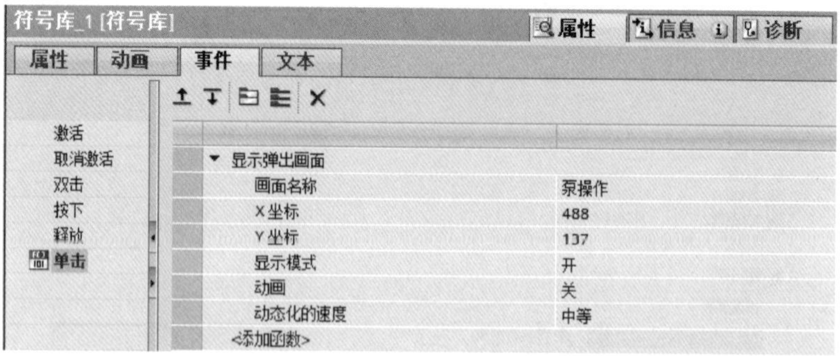

图 3-2-18　设置"符号库_1"的事件

步骤三： 在"根画面"中删除任务一制作的按钮和指示灯，以及测试矩形框。

五、仿真运行

步骤一： 在项目树下，选中"PLC_1"，单击"启动仿真"，单击"确定"，接口/子网

的连接选择"插槽1×1处方向",单击"开始搜索",单击"下载",单击"装载",单击
"完成",单击"RUN"。

步骤二:在项目树下,选中"HMI_1",单击"启动仿真"。

步骤三:在触屏仿真界面,单击"泵"图标,弹出"泵操作界面",在弹出的界面,单
击"启动"按钮,指示灯显示"绿色",表示电机运行,如图 3-2-19 所示;当按下"停止"
按钮,指示灯显示"灰色",表示电机停止运行;当按下"关闭","泵操作界面"消失,
如图 3-2-20 所示。

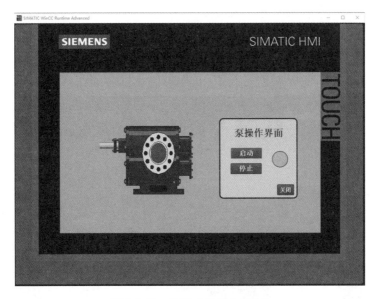

图 3-2-19 打开"泵操作界面"

图 3-2-20 关闭"泵操作界面"

任务三　文本列表和符号 I/O 域使用

任务描述

如图 3-3-1 所示，在任务二的基础上，设置一个下拉菜单，当选择
"一号泵"，单击"泵"图标，弹出"泵操作界面"，在弹出的界面，显示
"一号泵"；单击下拉菜单，选择"二号泵"，在弹出的界面，显示"二号泵"；单击下拉菜
单，选择"三号泵"，在弹出的界面，显示"三号泵"。

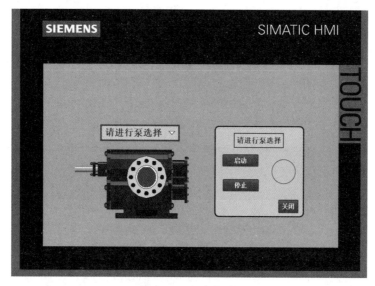

图 3-3-1　任务要求

技能操作

一、"文本列表"添加

在项目树下，双击打开"HMI_1"→"文本和图形列表"，在文本列表中添加"泵选择"，
在其对应的文本列表条目中输入"值 0、对应文本为'请进行泵选择'"，"值 1、文本为
'一号泵'，值 2、文本为'二号泵'，值 3、文本为'三号泵'"，选中"0"为默认条目，
如图 3-3-2 所示。

二、变量设置

在项目树下，双击打开"水泵控制［DB1］"，在其中添加变量，名称为"泵选择"，数
据类型为"Int"，如图 3-3-3 所示。

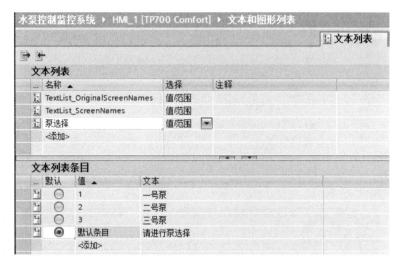

图 3-3-2　添加"文本列表"

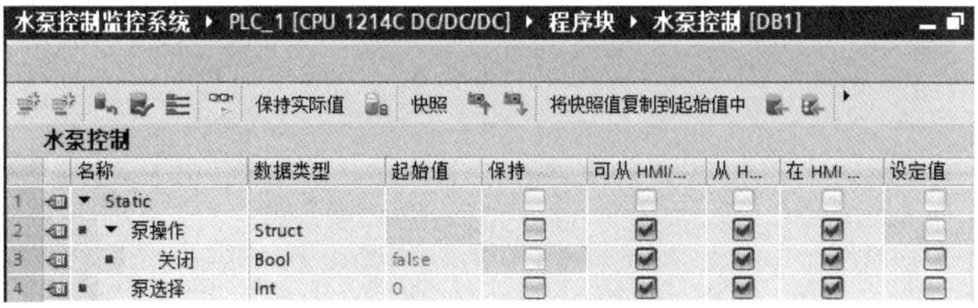

图 3-3-3　变量设置

三、"根画面"修正

步骤一： 在"根画面"中，选中右侧工具箱"元素"中的"符号 I/O 域"，如图 3-3-4 所示，在"根画面"中合适的位置，生成一个"符号 I/O 域_1"。

步骤二： 选中该"符号 I/O 域_1"，设置属性，打开其"属性"选项卡，选中"常规"，设定过程变量为"水泵控制_泵选择"，模式为"输入/输出"，内容文本列表为"泵选择"，如图 3-3-5 所示；选中"文本格式"，设定格式字体为"宋体，25px，style = Bold"，对齐水平为"居中"，如图 3-3-6 所示；选中"外观"，设定边框宽度为"2"，背景颜色为绿色"0，255，0"，如图 3-3-7 所示。

图 3-3-4　选择"符号 I/O 域"

四、"弹出画面"修正

步骤一： 在屏幕下方，单击"泵操作"，删除标题"泵操作界面"，选中右侧工具箱"元素"中的"符号 I/O 域"，在"泵操作"画面的合适位置，生成一个"符号 I/O 域_1"，其"泵操作"画面如图 3-3-8 所示。

图 3-3-5 "符号 I/O 域_1" 常规属性设置

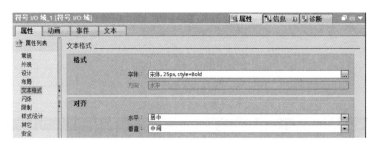

图 3-3-6 "符号 I/O 域_1" 文本格式设置

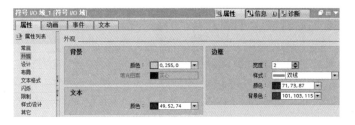

图 3-3-7 "符号 I/O 域_1" 外观设置

图 3-3-8 "泵操作" 画面

步骤二：选中该 "符号 I/O 域_1"，设置属性，打开其 "属性" 选项卡，选中 "常规"，设定过程变量为 "水泵控制_泵选择"，模式为 "输出"，内容文本列表为 "泵选择"，如图 3-3-9 所示；选中 "文本格式"，设定格式字体为 "宋体，19px，style＝Bold"，对齐水平为 "居中"，如图 3-3-10 所示；选中 "外观"，设定边框宽度为 "2"，背景颜色为绿色 "0，255，0"，如图 3-3-11 所示。

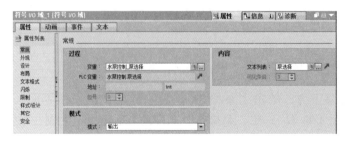

图 3-3-9 "符号 I/O 域_1" 常规属性设置

图 3-3-10 "符号 I/O 域_1" 文本格式设置

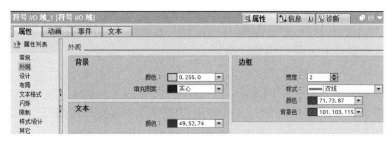

图 3-3-11 "符号 I/O 域_1" 外观设置

五、仿真运行

步骤一：在项目树下，选中"PLC_1"，单击"启动仿真"，单击"确定"，接口/子网的连接选择"插槽 1×1 处方向"，单击"开始搜索"，单击"下载"，单击"装载"，单击"完成"，单击"RUN"。

步骤二：在项目树下，选中"HMI_1"，单击"启动仿真"。

步骤三：在触屏仿真界面，单击下拉菜单，选择"一号泵"，单击"泵"图标，弹出"泵操作界面"，在弹出的界面，显示"一号泵"，如图 3-3-12 所示；单击下拉菜单，选择

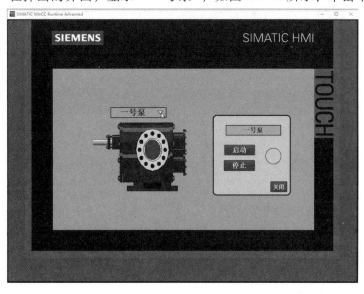

图 3-3-12 显示"一号泵"

"二号泵"，在弹出的界面，显示"二号泵"；单击下拉菜单，选择"三号泵"，在弹出的界面，显示"三号泵"。

任务四　图形列表和图形 I/O 域使用

 **任务描述**

如图 3-4-1 所示，在任务三的基础上，为 HMI 增加一个"风扇"的图形 I/O 域，并能根据要求实现"风扇"旋转。

具体要求：

1. 能通过下拉菜单选择不同的泵。

2. 在选择泵后，单击"泵"图标，能弹出相应泵的"泵操作界面"。

3. 在其对应泵操作界面上，单击"启动"按钮，指示灯显示绿色，风扇开始旋转；单击"停止"按钮，指示灯显示灰色，风扇停止旋转；单击"关闭"，"泵操作界面"消失。

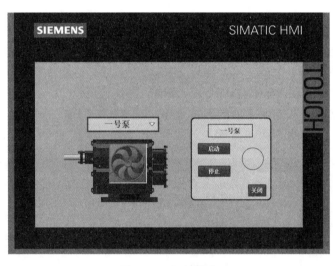

图 3-4-1　任务要求

 **相关知识**

对于画面对象的形状和大小变化，一般采用图形 I/O 域和图形列表切换多幅图形来实现，从而促使 HMI 有更为丰富多彩的动画效果。

图形 I/O 域有输入、输出、输入/输出和双状态 4 种模式。双状态图形 I/O 域不需要图形列表，它在运行时用两个图形来显示位变量的两种状态，例如指示灯的点亮与熄灭。

技能操作

一、"图形列表"添加

在项目树下，双击打开"文本和图形列表"，选中"图形列表"选项卡，在图形列表中添加"叶片旋转"，如图 3-4-2 所示；展开工具箱中"图形"→"WinCC 图形文件夹"→"Equipment"→"Automation［EMF］"→"Blowers"，如图 3-4-3 所示；选中连续 4 个"风扇"图片，拖动到"图形"栏中，并在其对应的图形列表条目中"值"栏目中输入"0""1""2""3"，再设定"0"为默认条目，如图 3-4-4 所示。

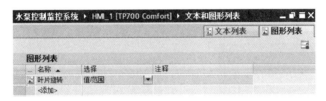

图 3-4-2　图形列表添加"叶片旋转"

图 3-4-3　打开图形中"Blowers"文件夹

图 3-4-4　图形列表条目

二、变量设置

在项目树下，双击打开"水泵控制［DB1］"，在其中添加变量，名称为"叶片旋转"，数据类型为"Int"，如图 3-4-5 所示。

三、"根画面"修正

步骤一：在"根画面"中，选中右侧工具箱"元素"中的"图形 I/O 域"，如图 3-4-6 所示，在"根画面"的法兰泵上合适的位置，生成一个"图形 I/O 域_1"，如图 3-4-7 所示。

步骤二：选中该"图形 I/O 域_1"，设置属性，打开其"属性"选项卡，选中"常规"，设定过程变量为"水泵控制_叶片旋转"，模式为"输出"，内容图形列表为"叶片旋转"，如图 3-4-8 所示。

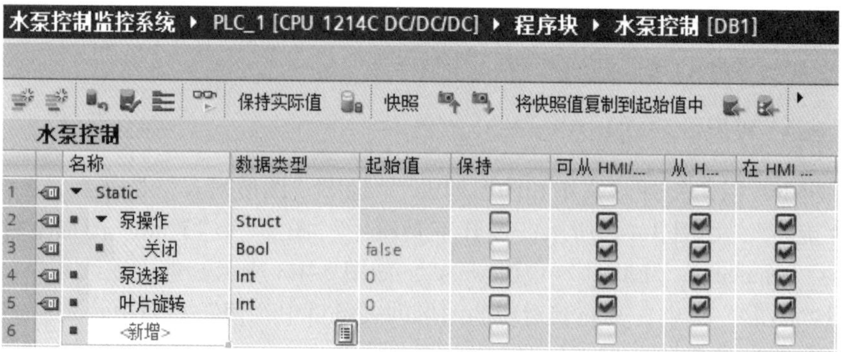

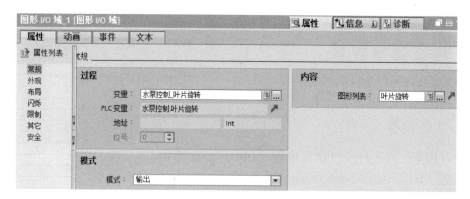

图 3-4-5 添加"叶片旋转"变量

图 3-4-6 选中"图形 I/O 域"

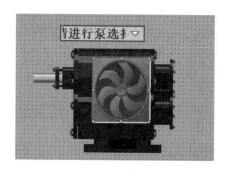

图 3-4-7 在法兰泵上生成一个"图形 I/O 域_1"

图 3-4-8 设置"图形 I/O 域_1"的属性

四、PLC 程序编写

步骤一：在项目树下，选中"PLC_1"→"PLC 变量"，双击打开"变量表_1"，在名称栏中输入"定时标志"，数据类型为"Bool"，地址设定为"M1.0"，如图 3-4-9所示。

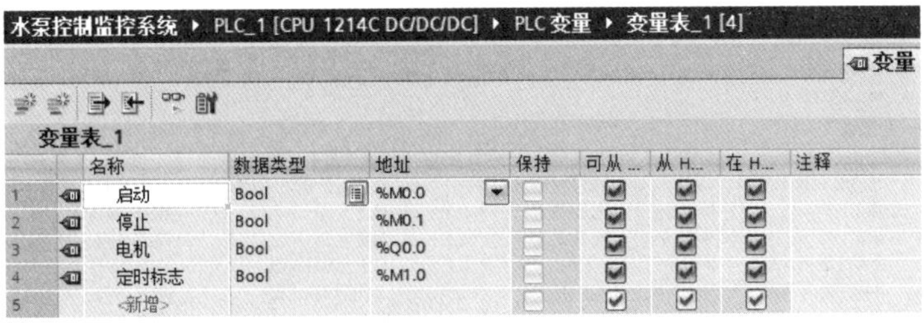

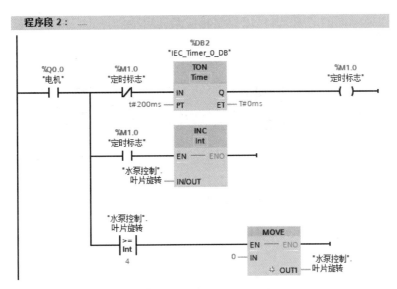

图 3-4-9　添加"定时标志"变量

步骤二：双击"程序块"下的"Main〔OB1〕"，在程序编辑窗口添加"程序段 2"，如图 3-4-10 所示，该程序段使得"水泵控制_叶片旋转"变量的数值在 0~3 之间按顺序循环切换，每个数值保持的时间为 200ms，而"水泵控制_叶片旋转"变量的数值关联 4 张微变化的叶片图片，因"视觉停留"原理，从而画面将形成叶片旋转的动画。

图 3-4-10　添加"程序段 2"

五、采样周期修改

在项目树下，展开"HMI_1"→"HMI 变量"，如图 3-4-11 所示，双击打开"默认变量表"，修改"水泵控制_叶片旋转"的采样周期为"100ms"，如图 3-4-12 所示。

六、仿真运行

步骤一：在项目树下，选中"PLC_1"，单击"启动仿真"，单击"确定"，单击"装载"，单击"完成"，单击"RUN"。

图 3-4-11　打开"默认变量表"

图 3-4-12　HMI 变量采样周期修改

步骤二：在项目树下，选中"HMI_1"，单击"启动仿真"。

步骤三：在触屏仿真界面，单击下拉菜单，选择"一号泵"，单击"泵"图标，弹出"泵操作界面"，在弹出的界面，显示"一号泵"，当单击"启动"按钮，指示灯显示绿色，风扇开始旋转，如图 3-4-13 所示；当单击"停止"按钮，指示灯显示灰色，风扇停止旋转。同样的方法，切换不同的"泵"，可以控制相应泵的启动和停止，以及对应风扇的旋转和停止。

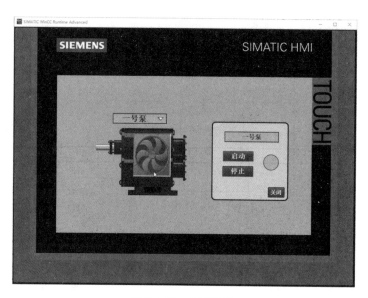

图 3-4-13　仿真运行

任务五　建立水泵控制监控系统

 **任务描述**

如图 3-5-1 所示，在任务四的基础上，为 HMI 增加文本提示"水泵控

制监控系统"和系统的工作日期时间，完善水泵控制监控系统。

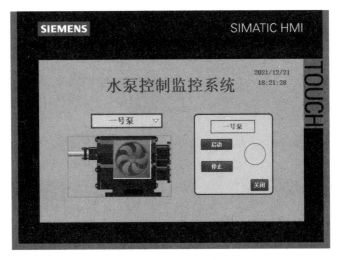

图 3-5-1 任务要求

任务分析

从"任务描述"来看，前置 4 个任务基本已经完成了"水泵控制监控系统"的功能实现，只需要添加该系统的"标签""工作日期"和"工作时间"。

技能操作

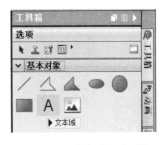

图 3-5-2 选中"文本域"

一、"文本域"添加

在"根画面"中，选中工具箱"基本对象"中的"文本域"，如图 3-5-2 所示，生成一个"文本域_1"。设置属性，打开其"属性"选项卡，选中"常规"，修改文本为"水泵控制监控系统"，样式字体为"宋体，48px，style = Bold"，如图 3-5-3 所示；选中"外观"，修改文本颜色为蓝色"0，0，255"，如图 3-5-4 所示。

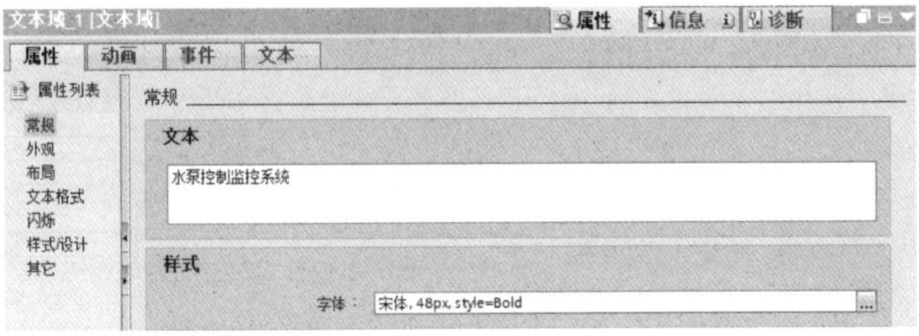

图 3-5-3 修改文本为"水泵控制监控系统"

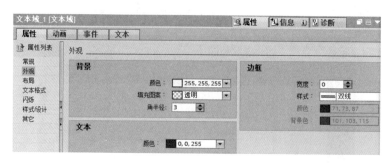

图 3-5-4　修改"文本域_1"的外观

二、"日期/时间域"添加

步骤一： 选中工具箱"元素"中的"日期/时间域"，如图 3-5-5 所示，生成一个"日期/时间域_1"。设置属性，打开其"属性"选项卡，选中"常规"，域中勾选"显示日期"，取消"显示时间"，如图 3-5-6 所示；选中"文本格式"，修改格式字体为"宋体，19px，style = Bold"，如图 3-5-7 所示；选中"外观"，修改背景填充图案为"透明"，边框宽度为"0"，如图 3-5-8 所示。

图 3-5-5　选中"日期/时间域"

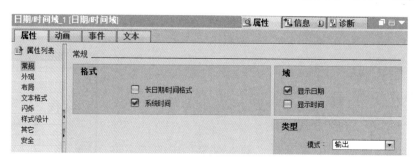

图 3-5-6　"日期/时间域_1"常规设置

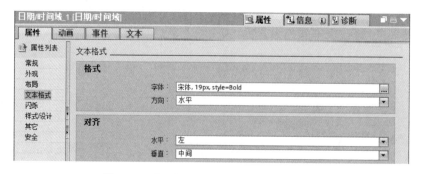

图 3-5-7　"日期/时间域_1"文本格式设置

步骤二： 选中添加好的"日期/时间域_1"，同时按下键盘"Ctrl"和鼠标左键，拖拽鼠

图 3-5-8　"日期/时间域_1"外观设置

标，进行复制，然后打开其"属性"选项卡，选中"常规"，域中勾选"显示时间"，取消"显示日期"，如图 3-5-9 所示。

图 3-5-9　"日期/时间域_2"常规设置

步骤三：选中制作好的两个"日期/时间域"，单击其工具栏中的"垂直对齐所选对象"，如图 3-5-10 所示，促使两个"日期/时间域"在画面中垂直对齐，完成后的根画面如图 3-5-11 所示。

图 3-5-10　"垂直对齐所选对象"

图 3-5-11　完成后的"根画面"

三、仿真运行

步骤一：在项目树下，选中"PLC_1"，单击"启动仿真"，单击"确定"，接口/子网的连接选择"插槽1×1处方向"，单击"开始搜索"，单击"下载"，单击"装载"，单击

"完成"，单击"RUN"。

步骤二：在项目树下，选中"HMI_1"，单击"启动仿真"。

步骤三：可以看到，在触屏仿真界面显示有该系统的工作日期和时间，同时可以通过下拉菜单选择运行的"泵"。当选定水泵后，单击"泵"图标，弹出其对应的控制界面，在控制界面，单击"启动"按钮，指示灯显示绿色，风扇开始旋转，如图 3-5-12 所示；单击"停止"按钮，指示灯显示灰色，风扇停止旋转；单击"关闭"，控制界面消失。

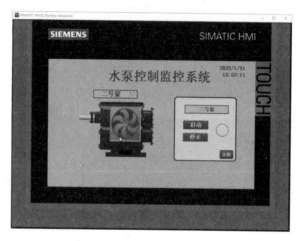

图 3-5-12　仿真运行

04

项目四　剪板机控制监控系统

任务一　剪板机控制监控系统手动操作

 任务描述

如图 4-1-1 所示，建立"剪板机控制系统"的手动模式监控画面。

控制要求：

双击"模式切换"，将"剪板机控制系统"切换到"手动"模式，按下"送料"按钮，将板料送料到位后，按下压块"下降"按钮，压块下降到位，按下剪刀"下降"按钮，剪切板料，板料落到小车上，单击"右移"按钮，小车右移。

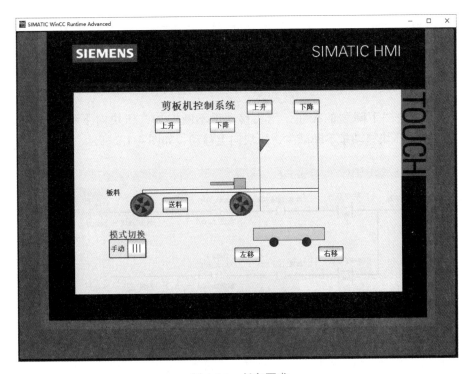

图 4-1-1　任务要求

任务分析

一、PLC 变量表（见表 4-1-1）

表 4-1-1　PLC 变量表

名称	数据类型	名称	数据类型
手动自动	Bool	剪刀上升	Bool
送料	Bool	剪刀下降	Bool
板料	Int	剪刀	Int
压块上升	Bool	push0	Bool
压块下降	Bool	push1	Bool
压块	Int	push2	Bool
左移	Bool	push3	Bool
右移	Bool	push4	Bool
小车	Int	push5	Bool
小车板	Int	push6	Bool
轮子	Int		

二、"手动"程序设计

1. 当按下压块"下降"的按钮，压块移动量不断增加，压块向下移动；当按下压块"上升"的按钮，压块移动量不断减少，压块向上移动，如图 4-1-2 所示。

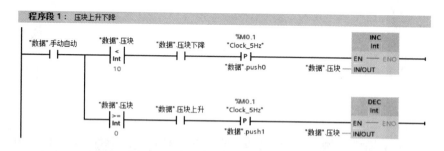

图 4-1-2　"压块上升下降"程序设计

2. 当按下剪刀"下降"的按钮，剪刀移动量不断增加，剪刀向下移动；当按下剪刀"上升"的按钮，剪刀移动量不断减少，剪刀向上移动，如图 4-1-3 所示。

3. 当按下小车"右移"的按钮，小车移动量不断增加，小车向右移动；当按下小车"左移"的按钮，小车移动量不断减少，小车向左移动，如图 4-1-4 所示。

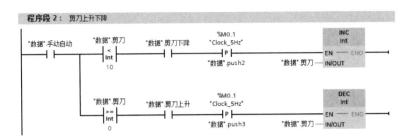

图 4-1-3 "剪刀上升下降"程序设计

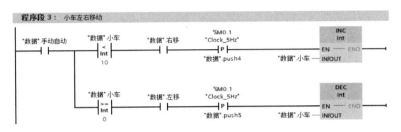

图 4-1-4 "小车左右移动"程序设计

4. 在压块未完全压下，不会碰到剪刀的情况下，可以通过单击"送料"按钮，进行板料往前移动，在送料期间，轮子有旋转的动画；当剪刀完全落下，板料被剪切完毕，板料重新送料，小车上有板料落下，如图 4-1-5 所示。

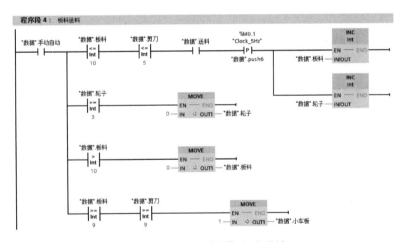

图 4-1-5 "板料送料"程序设计

技能操作

一、创建项目

双击计算机桌面"TIA Portal V15.1"图标，打开软件，单击"创建新项目"，在项目名称栏中输入"剪板机控制系统"，回车。

二、添加 PLC

单击屏幕左下侧"项目视图"，将软件界面切换到"项目视图"，在项目树下，双击"添加新设备"，弹出"添加新设备"窗口，选中"控制器"，单击"SIMATIC S7-1200"→"CPU"→"CPU 1214C DC/DC/DC"→"6ES7 214-1AG40-0XB0"，选中版本为 V4.2，单击"确定"，完成 PLC 添加。

三、添加 HMI

在项目树下，双击"添加新设备"，弹出"添加新设备窗口"，选中"HMI"，单击"SIMATIC 精智面板"→"7″显示屏"→"TP700 Comfort"→"6AV2 124-0GC01-0AX0"，选中版本为 15.1.0.0，单击"确定"，弹出"HMI 设备向导"，单击"浏览"右侧的下拉菜单，选中"PLC_1"，单击"完成"，完成 HMI 添加以及与 PLC 的连接。

图 4-1-6　添加新块

四、PLC 变量添加

步骤一： 在项目树下，展开"程序块"，双击"添加新块"，如图 4-1-6 所示，弹出"添加新块"，选中"DB 数据块"，修改名称为"数据"，如图 4-1-7 所示，单击"确定"，在项目树下生成一个"数据［DB1］"；

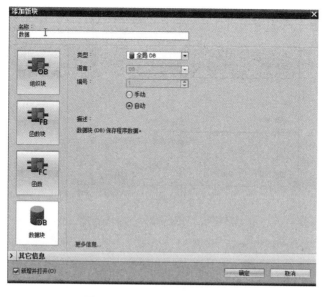

图 4-1-7　添加"数据"DB 块

步骤二： 在打开的"数据［DB1］"中，添加变量"手动自动""送料""压块上升""压块下降""左移""右移""剪刀上升""剪刀下降"，数据类型均为"Bool"；再添加"板料""压块""小车""小车板""剪刀""轮子"，数据类型均为"Int"；再添加变量

push0～push6，数据类型为"Bool"，如图 4-1-8 所示。

图 4-1-8　在"数据［DB1］"中添加变量

五、"触屏"界面设计

步骤一：在项目树下，展开"HMI_1"→"画面管理"，双击打开"永久区域"，打开其"属性"选项卡，选中"常规"，修改布局高度为"0"。

步骤二：在项目树下，双击打开"根画面"，删除"根画面"中多余的文字。在"根画面"中，设置属性，打开其"属性"选项卡，选中"常规"，修改样式名称为"操作画面"，模板为"无"，背景色为浅蓝色"204，255，255"，如图 4-1-9 所示。

图 4-1-9　"操作画面"常规设置

步骤三：在"工具箱"中，选中"文本域"，生成一个"文本域_1"，设置属性，打开其"属性"选项卡，选中"常规"，修改文本为"剪板机控制系统"，样式字体为"宋体，25px，style＝Bold"，如图 4-1-10 所示；选中"布局"，修改位置为"x＝209，y＝20"，左边距为 3，右边距为 2，上边距和下边距均为 2，如图 4-1-11 所示；复制粘贴，生成"文本域_2"，设置属性，打开其"属性"选项卡，选中"常规"，修改文本为"板料"，样式字体为

"宋体，16px，style = Bold"；选中"布局"，修改位置为"x = 75，y = 229"，如图 4-1-12 所示。

图 4-1-10 "文本域_1"常规设置

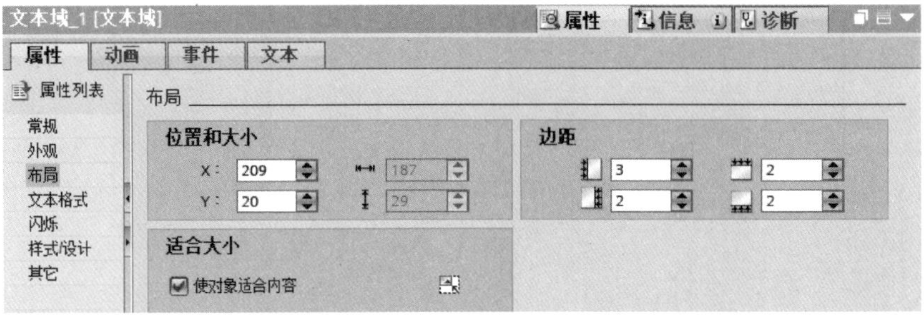

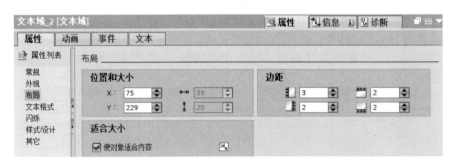

图 4-1-11 "文本域_1"布局设置

图 4-1-12 "文本域_2"布局设置

　　步骤四：在"工具箱"中，选中"按钮"，生成一个"按钮_1"。设置属性，打开其"属性"选项卡，选中"常规"，修改标签文本为"上升"；选中"外观"，修改文本颜色为蓝色"0，0，255"，如图 4-1-13 所示；选中"填充样式"，设定梯度的背景色为白色"255，255，255"，梯度 1 颜色为灰色"207，207，207"，梯度 2 颜色为浅灰色"223，223，223"，如图 4-1-14 所示；选中"布局"，修改位置和大小"x = 197，y = 64"，宽 62，高 35，如图 4-1-15 所示；选中"文本格式"，修改格式字体为"宋体，16px，style = Bold"，对齐水平"居中"；打开其"事件"选项卡，选中"按下"，设定函数为"按下按键时置位位"，变量为"数据_压块上升"，如图 4-1-16 所示。

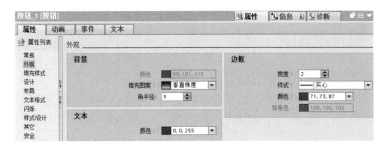

图 4-1-13 "按钮_1"名称为"上升"并进行外观设置

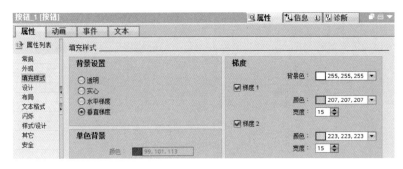

图 4-1-14 "按钮_1"填充样式设置

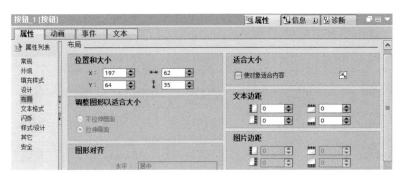

图 4-1-15 "按钮_1"布局设置

图 4-1-16 "按钮_1"事件设置

步骤五：复制粘贴 6 个按钮，生成"按钮_2"至"按钮_7"，其文本分别修改为"下降"，位置为"x = 331，y = 64"；"上升"，位置"x = 422，y = 22"；"下降"，位置"x = 537， y＝22"；"左移"，位置"x＝389，y＝372"；"右移"，位置"x＝593，y＝371"；"送料"，位置"x＝214，y＝252"。分别打开"事件"选项卡，选中"按下"，设定函数为"按下按键时置位位"，将变量分别设定为"数据_压块下降""数据_剪刀上升""数据_剪刀下降""数据_左移""数据_右移""数据_送料"。

步骤六：在项目树下，双击打开"文本和图形列表"，在"图形列表"中添加"轮子"，如图4-1-17所示；展开"工具箱"→"图形"→"Wincc图形文件夹"→Equipment→"Automation［EMF］"→"Motors"→"Animate"，如图4-1-18所示，拖拽相应叶片图片到"图形列表条目"的"图形"栏中，添加数值为"0""1""2""3"，并设定值"0"为"默认条目"，如图4-1-19所示。

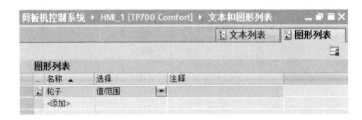

图4-1-17 文本和图形列表中添加"轮子"

图4-1-18 选择合适的"轮子"图形

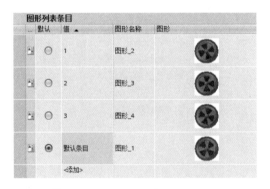

图4-1-19 "图形列表条目"设置

步骤七：打开"操作界面"，在"工具箱"中，选中"图形I/O域"，绘制一个"图形I/O域_1"。设置属性，打开其"属性"选项卡，选中"常规"，设定过程变量为"数据_轮子"，内容图形列表为"轮子"，如图4-1-20所示；选中"外观"，背景填充图案为"透明"，边界样式为"实心"，如图4-1-21所示；选中"布局"，位置和大小为"x＝135，y＝241"，宽59，高57，如图4-1-22所示；并复制生成一个相同轮子"图形I/O域_2"，调整位置为"x＝377，y＝241"。

步骤八：在"工具箱"中，选中"线"，在画面上绘制两条横线，连接两个轮子；绘制一条竖线，位置"x＝452，y＝65"，长220；另一条竖线，位置"x＝594，y＝65"，长220。

图 4-1-20　绘制"图形 I/O 域_1"并进行常规设置

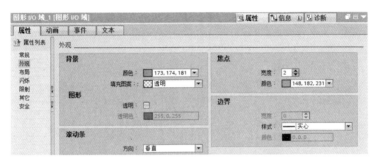

图 4-1-21　"图形 I/O 域_1"外观设置

图 4-1-22　"图形 I/O 域_1"布局设置

步骤九： 在"工具箱"中，选中"矩形"，生成"矩形_1"，打开"属性"选项卡，选中"布局"，设定位置和大小为"x = 165，y = 233，宽 289，高 8"，如图 4-1-23 所示；选中"外观"，修改背景颜色为黄色"255，255，0"，如图 4-1-24 所示；然后在同一位置，复制粘贴生成"矩形_2"；选中其中一个矩形框，打开其"动画"选项卡，展开"移动"，双击"添加新动画"，弹出"添加动画"对话框，选中"水平移动"，如图 4-1-25 所示，单击"确定"，在其总览中生成"水平移动"；选中"水平移动"，关联变量为"数据_板料"，设定范围从 0~10，调整目标位置为"x = 306，y = 233"，如图 4-1-26 所示。

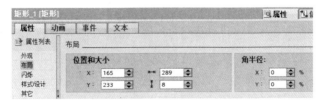

图 4-1-23　绘制"矩形_1"并进行布局设置

图 4-1-24 "矩形_1"外观设置

图 4-1-25 添加动画为"水平移动"

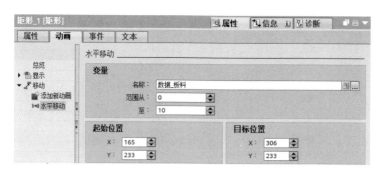

图 4-1-26 "水平移动"关联变量为"数据_板料"，并进行相关设置

步骤十：利用"矩形"，制作"58＊8"和"29＊27"的矩形框，调整位置，分别设定颜色为浅蓝色"0，204，255"，并将其组合为"Group"，完成"压块"外形制作，如图4-1-27所示；制作一个大小为"142＊8"的矩形框，颜色设置为黄色"255，255，0"，位置为"x＝452，y＝319"；制作一个大小为"174＊30"的矩形框，设置颜色为绿色"0，255，0"，位置为"x＝435，y＝326"；利用"圆"，制作两个半径为"11"的小圆，颜色设置为棕色，并进行位置调整，并将其组合为"Group_1"，完成"小车"外形制作，如图4-1-28所示；利用"多边形"，制作三角形"剪刀"，颜色为玫红色"255，0，255"，调整位置"x＝452，y＝65"，如图4-1-29所示。

图 4-1-27 "压块"外形制作　　图 4-1-28 "小车"外形制作　　图 4-1-29 三角形"剪刀"制作

步骤十一：选中"压块"，打开其"动画"选项卡，展开"移动"，双击"添加新动画"，添加"垂直移动"动画，关联变量为"数据_压块"，设定范围从0～10，如图4-1-30所示，调整目标位置到板料，如图4-1-31所示；选中"小车"，打开其动画选项卡，展开"移动"，双击"添加新动画"，添加"水平移动"动画，关联变量为"数据_小车"，范围为从0～10，如图4-1-32所示，调整目标位置到界面最右端，如图4-1-33所示；其中"矩形_5"添加"可见性"动画，关联变量为"数据_小车板"，范围从1到1"可见"，如图4-1-34所示；选中"剪刀"，打开其动画选项卡，添加"垂直移动"动画，关联变量为"数据_剪刀"，范围为从0～10，如图4-1-35所示，调整目标位置到板料以下位置，如图4-1-36所示。

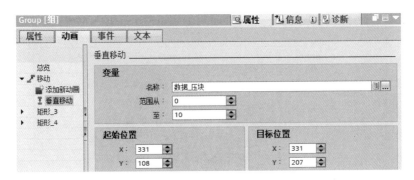

图 4-1-30 压块动画设置

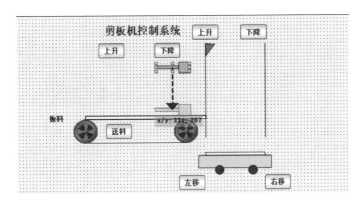

图 4-1-31 调整目标位置到板料

图 4-1-32 小车动画设置

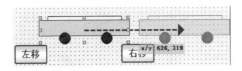

图 4-1-33 调整目标位置到界面最右端

步骤十二：在"工具箱"中，选中"开关"，如图 4-1-37 所示，在画面中制作一个"开关_1"，打开"属性"选项卡，选中"常规"，关联变量为"数据_手动自动"，"标题"设定为"模式切换"、"ON"为"手动"、"OFF"为"自动"，如图 4-1-38 所示；选中"填

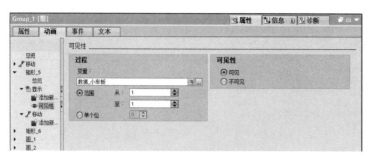

图 4-1-34 "小车板"的可见性设置

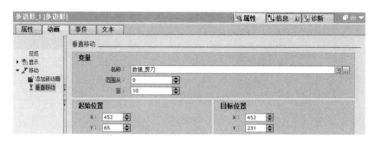

图 4-1-35 剪刀动画设置

充样式"，梯度背景色为白色"255，255，255"，梯度 1 颜色为灰色"207，207，207"，梯度 2 颜色为浅灰色"223，223，223"，如图 4-1-39 所示；选中"文本格式"，设定标题字体为"宋体，21px，style＝Bold"，如图 4-1-40 所示。

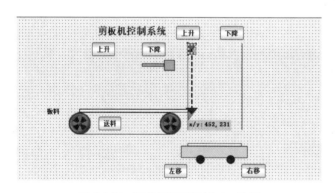

图 4-1-36 调整目标到板料以下位置

图 4-1-37 选中"开关"

图 4-1-38 "开关_1"常规设置

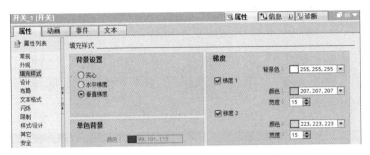

图 4-1-39 "开关_1"填充样式设置

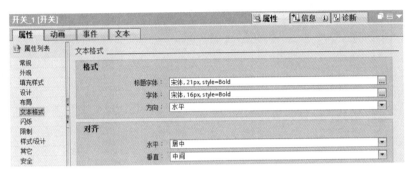

图 4-1-40 "开关_1"文本格式设置

六、"时钟存储器"设置

在项目树下，选中"PLC_1"，单击右键→"属性"，在弹出的窗口中，选中"系统和时钟存储器"，分别在"系统存储器位"和"时钟存储器位"勾选"启用系统存储器字节"和"启用时钟存储器字节"，如图 4-1-41 所示，单击"确定"。

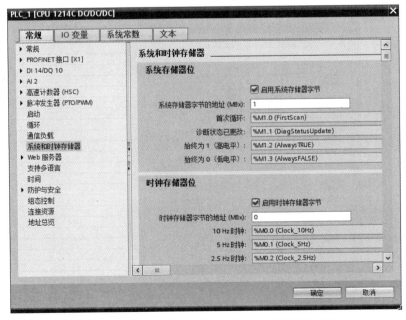

图 4-1-41 "PLC_1"的"系统和时钟存储器"设置

七、"采样周期"修改

在项目树下，展开"HMI_1"→"HMI 变量"，双击打开"默认变量表"，修改"数据_剪刀""数据_压块""数据_小车""数据_小车板""数据_板料""数据_轮子"的采样周期为"100ms"，如图 4-1-42 所示。

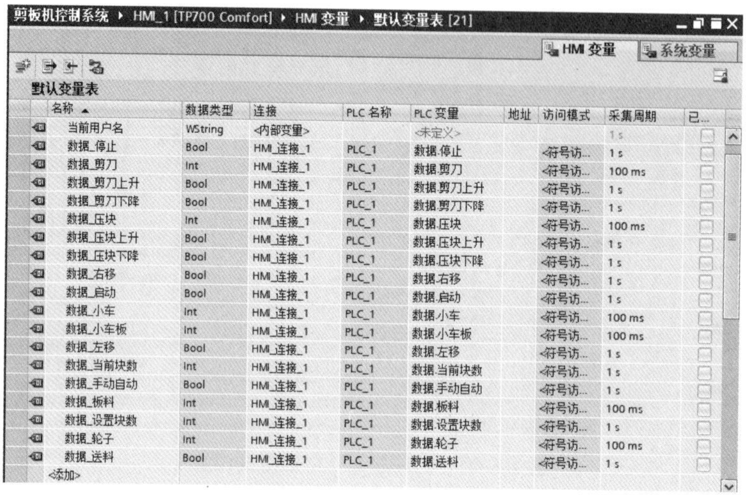

图 4-1-42 "采样周期"修改

八、PLC 程序设计

步骤一：在项目树下，展开"PLC_1"→"程序块"，双击"添加新块"，弹出"添加新块"窗口，选中"FC 函数"，修改名称为"手动"，如图 4-1-43 所示，单击"确定"。

图 4-1-43 添加"手动"FC 函数块

步骤二：在打开的"手动［FC1］"中，编写相应的程序段。其中程序段 1：压块上升下降，如图 4-1-2 所示；程序段 2 表示剪刀上升下降，如图 4-1-3 所示；程序段 3 表示小车左右移动，如图 4-1-4 所示；程序段 4 表示板料送料、轮子的旋转、板料落料，如图 4-1-5 所示。

步骤三：在项目树中，双击打开"Main［OB1］"，然后将项目树中的"手动［FC1］"拖拽到"Main［OB1］"的"程序段 1"中，生成图 4-1-44 所示程序段。

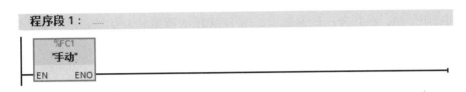

图 4-1-44　主程序调用"手动［FC1］"

九、仿真测试

步骤一：在项目树下，选中"PLC_1"，单击"启动仿真"，单击"确定"，接口/子网的连接选择"插槽 1×1 处方向"，单击"开始搜索"，单击"下载"，单击"装载"，单击"完成"，单击"RUN"。

步骤二：在项目树下，选中"HMI_1"，单击"启动仿真"。

步骤三：双击"模式切换"，切换到"手动"模式，按下压块的"下降"和"上升"按钮，压块会有相应的运动；按下剪刀的"下降"和"上升"按钮，剪刀会有相应的运动；按下"送料"按钮，齿轮旋转，板料往前送料，送料到位后，按下剪刀的"下降"按钮，下降到位，剪切"板料"，板料落料；按下"右移"和"左移"按钮，小车和小车板会有相应的运动，如图 4-1-45 所示。

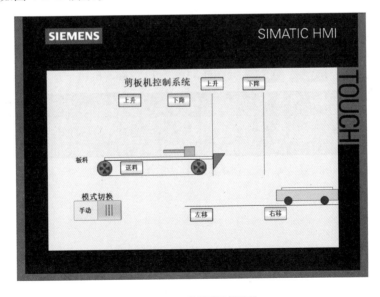

图 4-1-45　仿真测试画面

任务二　剪板机控制监控系统自动操作

 **任务描述**

如图 4-2-1 所示，在任务一的基础上，为 HMI 增加按钮和 I/O 域，用来为"剪板机控制系统"的自动模式服务。

控制要求：

当"剪板机控制系统"位于"自动"状态时，设置"剪切数量设定"的数值，单击"启动"按钮，板料开始送料，板料送料到位后，压块"下降"，压块下降到位，剪刀"下降"，剪切板料，板料落到小车上，当前剪切块数自动递增，然后，重复进行送料、压板、剪切、计数，一直到"当前剪切块数"等于"剪切数量设定"，小车向右移动。单击"停止"按钮，所有运动和数值复位。

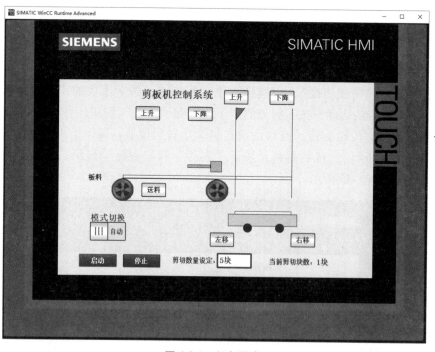

图 4-2-1　任务要求

 **任务分析**

一、PLC 变量表

在任务一的基础上，添加相关变量见表 4-2-1。

表 4-2-1 PLC 相关变量表

名称	数据类型	名称	数据类型
启动	Bool	push10	Bool
停止	Bool	push11	Bool
		push12	Bool
顺序	int	push13	Bool
设置块数	int	push14	Bool
当前块数	Int	push15	Bool
		push16	Bool

二、"自动"程序设计

1. 系统数据初始化程序如图 4-2-2 所示。

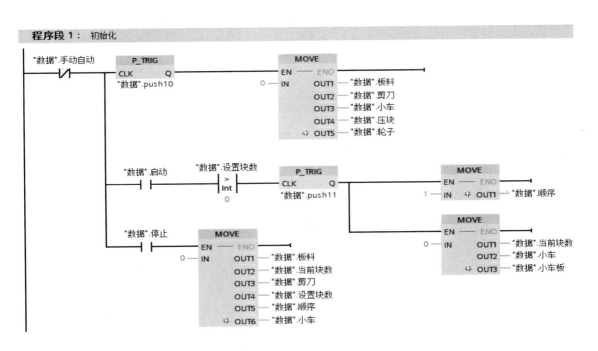

图 4-2-2 初始化

2. 第一步：板料送料，在送料过程中轮子在转动，送料结束进入第二步，程序如图 4-2-3 所示。

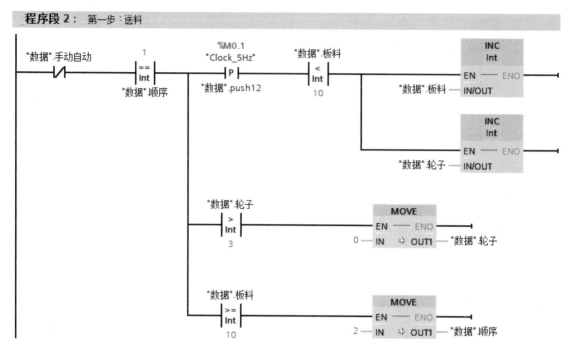

图 4-2-3　第一步：送料

3. 第二步：压块，当压块结束进入第三步程序如图 4-2-4 所示。

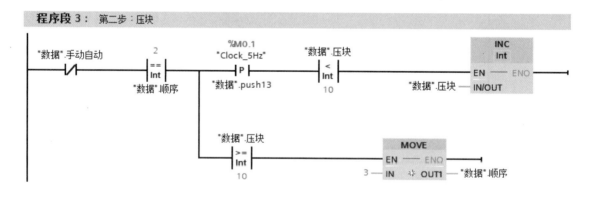

图 4-2-4　第二步：压块

4. 第三步：剪切板料，每剪切一块板料，都进行计数，板料和压块的数据还原起始位置，程序如图 4-2-5 所示。

5. 第四步：对剪切的板料数量进行判定，根据判定结果确定下一步顺序，如图 4-2-6 所示。

6. 第五步：完成所有加工后，小车右移，程序如图 4-2-7 所示。

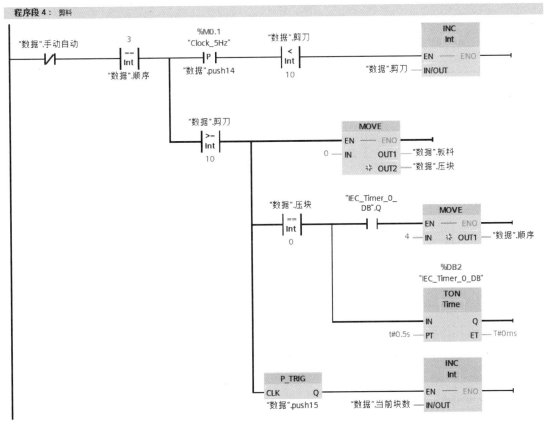

图 4-2-5　第三步：剪料

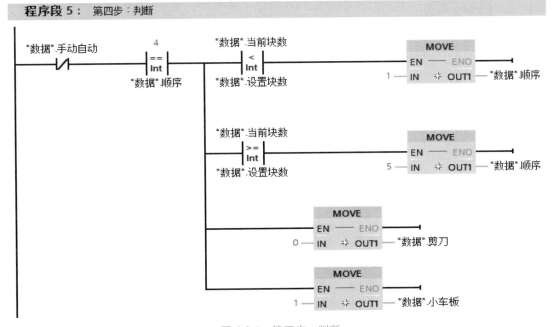

图 4-2-6　第四步：判断

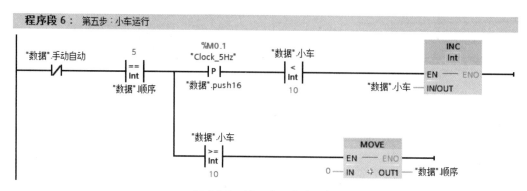

图 4-2-7　第五步：小车运行

技能操作

一、PLC 变量添加

在项目树下，展开"PLC_1"→"程序块"，双击打开"数据［DB1］"，添加变量"启动""停止"，数据类型为"Bool"；添加变量"顺序""设置块数""当前块数"，数据类型为"Int"；添加变量 push10~push16，数据类型均为"Bool"，如图 4-2-8 所示。

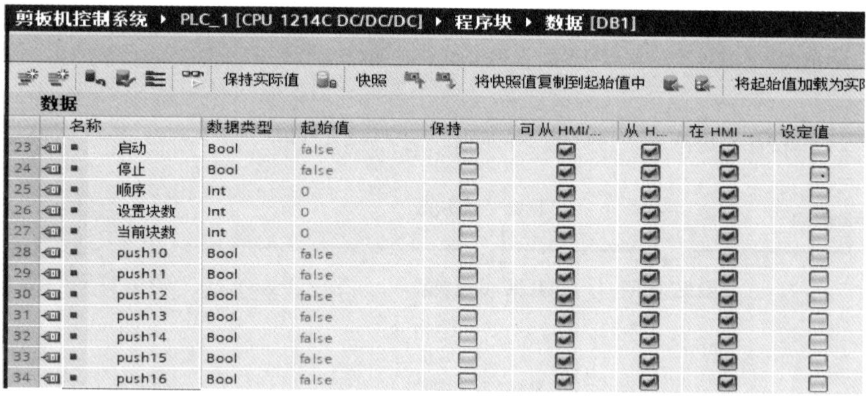

图 4-2-8　PLC 变量添加

二、"触屏"界面修正

步骤一：展开"HMI_1"→"画面"，双击打开"操作画面"，添加一个"按钮_8"启动按钮，打开其"事件"选项卡，选中"按下"，添加函数为"按下按键时置位位"，变量为"数据_启动"，如图 4-2-9 所示；添加一个

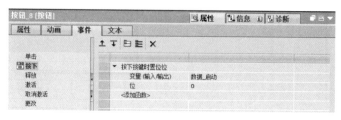

图 4-2-9　"按钮_8"设置

"按钮_9"停止按钮，打开其"事件"选项卡，选中"按下"，添加函数为"按下按键时置位位"，关联变量为"数据_停止"，如图4-2-10所示。

图 4-2-10 "按钮_9"设置

步骤二：添加两个"文本域"，一个修改文本为"剪切数量设定"，一个修改为"当前剪切块数"。

步骤三：添加一个"I/O域_1"，打开其"属性"选项卡，选中"常规"，过程变量关联为"数据_设置块数"，模式"输入/输出"，显示格式为"十进制"，格式样式"99"，如图4-2-11所示；选中"外观"，设定单位为"块"，如图4-2-12所示；选中"文本格式"，修改格式字体为"宋体，19px，style＝Bold"，如图4-2-13所示；再添加一个"I/O域_2"，打开其"属性"选项卡，选中"常规"，过程变量关联为"数据_当前块数"，模式为"输出"，显示格式为"十进制"，格式样式为"99"，如图4-2-14所示；选中"外观"，背景填充图案为"透明"，文本单位为"块"，边框宽度为"0"，如图4-2-15所示；选中"文本格式"，修改格式字体为"宋体，19px，style＝Bold"，如图4-2-16所示。

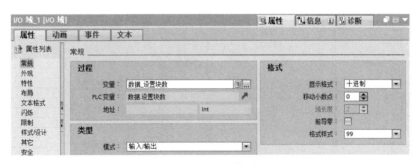

图 4-2-11 "I/O域_1"常规设置

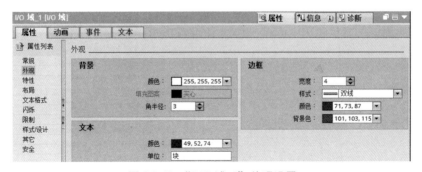

图 4-2-12 "I/O域_1"外观设置

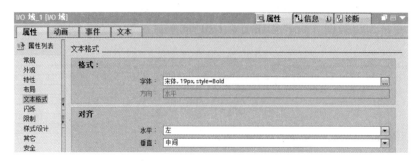

图 4-2-13 "I/O 域_1"文本格式设置

图 4-2-14 "I/O 域_2"常规设置

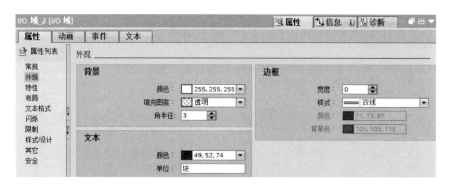

图 4-2-15 "I/O 域_2"外观设置

图 4-2-16 "I/O 域_2"文本格式设置

三、PLC 程序设计

步骤一：在项目树下，展开"PLC_1"→"程序块"，双击"添加新块"，弹出"添加新块"窗口，选中"FC 函数"，修改名称为"自动"，如图 4-2-17 所示，单击"确定"，在项目树下生成一个"自动 [FC2]"，如图 4-2-18 所示。

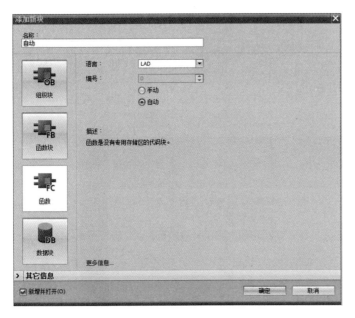

图 4-2-17　添加"自动"FC 函数块

图 4-2-18　生成一个
"自动 [FC2]"

步骤二：双击打开的"自动 [FC2]"中，编写程序。其中程序段 1：系统数据初始化（包括系统启动和按下停止按钮后，系统各数据初始化设置），如图 4-2-2 所示；程序段 2：系统第一步：板料送料、轮子滚动，送料结束后进入第二步，如图 4-2-3 所示；程序段 3：系统第二步：压块，当压块下降到位进入第三步，如图 4-2-4 所示；程序段 4：系统第三步：剪切板料、压块和板料位置复位、计数、延时进入下一步，如图 4-2-5 所示；程序段 5：系统第四步：落料、剪刀复位、对剪切的板料数量进行判定，根据判定结果确定下一步顺序，如图 4-2-6 所示；程序段 6：系统第五步：完成所有加工后，小车右移，右移到位，系统结束工作，如图 4-2-7 所示。

步骤三：在项目树中，双击打开"Main [OB1]"，然后将项目树下的"自动 [FC2]"拖拽到"Main [OB1]"的"程序段 2"中，其生成的程序如图 4-2-19 所示。

图 4-2-19　主程序调用"自动 FC2"

121

四、仿真测试

步骤一： 在项目树下，选中"PLC_1"，单击"启动仿真"，单击"确定"，接口/子网的连接选择"插槽 1×1 处方向"，单击"开始搜索"，单击"下载"，单击"装载"，单击"完成"，单击"RUN"。

步骤二： 在项目树下，选中"HMI_1"，单击"启动仿真"。

步骤三： 设置"剪切数量设定"的数值，单击"启动"按钮，板料开始送料，板料送料到位后，压块"下降"，压块下降到位，剪刀"下降"，剪切板料，板料落到小车上，当前剪切块数自动递增，如图 4-2-20 所示，然后，重复进行送料、压板、剪切、计数，一直到"当前剪切块数"等于"剪切数量设定"，小车向右移动。单击"停止"按钮，所有运动和数值复位。

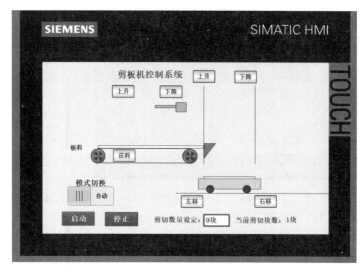

图 4-2-20　仿真测试

任务三　HMI 的用户管理功能

 **任务描述**

在任务二的基础上，增加 HMI 用户管理。

具体要求：

1. 添加三级权限"管理员组""参数设定组""操作员组"，设计"用户管理"画面，如图 4-3-1 所示，可进行用户登录、用户注销，能切换回"操作画面"。

2. 在"操作画面"，添加当前用户显示、增加"用户管理"按钮，如图 4-3-2 所示，单击该按钮，切换到"用户管理"画面。

3. 操作画面的"剪切数量"参数设定权限，只有"参数设定组"和"管理员组"成员可以操作。

图 4-3-1 "用户管理"画面

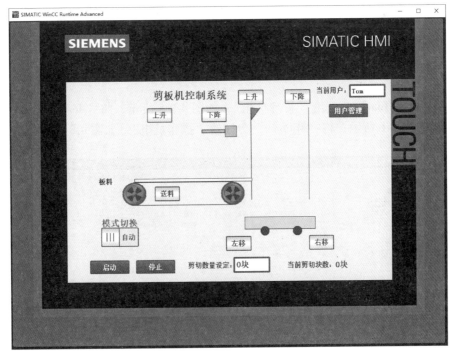

图 4-3-2 "操作画面"

一、用户、用户组及权限分配

步骤一： 在项目树下，展开"HMI_1"，双击打开"用户管理"，打开"用户"选项卡，在"用户"栏中添加名称为"Tom""Jerry""Michael"；密码分别设定为"123""456""789"，如图4-3-3所示。

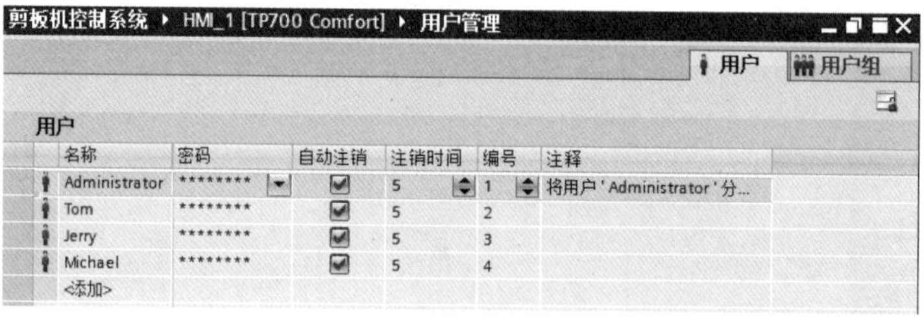

图 4-3-3　用户名称及密码设置

步骤二： 在"组"栏中，修改其名称分别为"管理员组""参数设计组""操作员组"，并修改对应的"显示名称"分别为"管理员组""参数设计组""操作员组"，其编号分别对应为"1""2""3"，如图4-3-4所示。

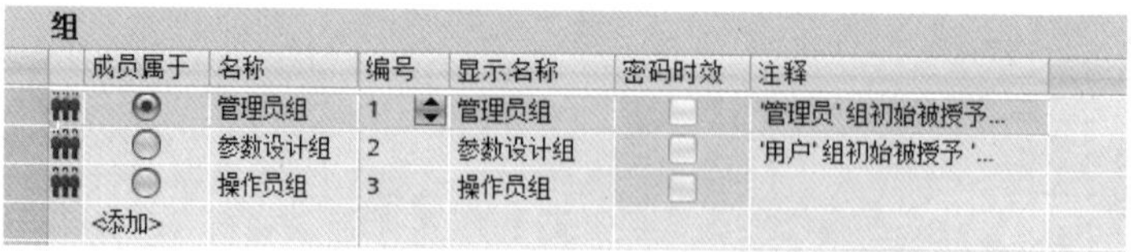

图 4-3-4　用户的组设定

步骤三： 将"Tom"分配给"管理员组"，如图4-3-5所示；将"Jerry"分配给"参数设计组"，如图4-3-6所示；将"Michael"分配给"操作员组"，如图4-3-7所示。

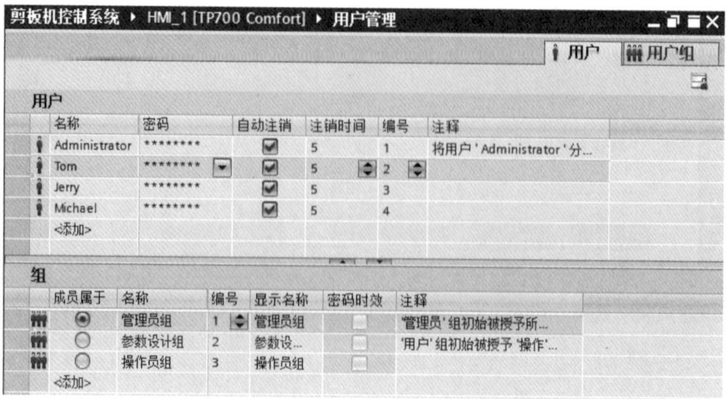

图 4-3-5　"Tom"分配给"管理员组"

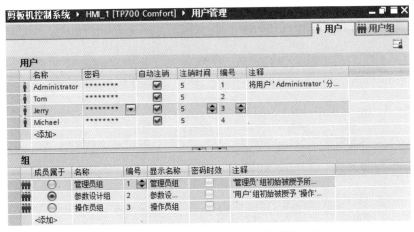

图 4-3-6　"Jerry"分配给"参数设计组"

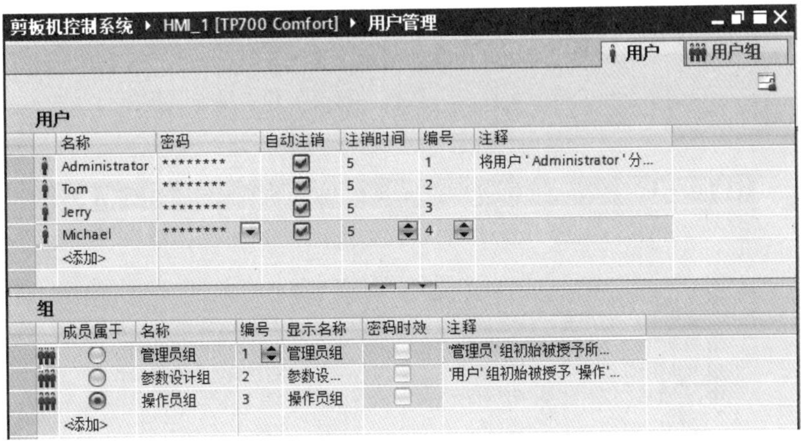

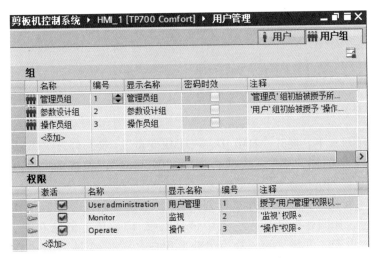

图 4-3-7　"Michael"分配给"操作员组"

步骤四：打开"用户组"选项卡，设置"管理员组"具有全部的权限，如图 4-3-8 所

图 4-3-8　设置"管理员组"具有全部权限

示；"参数设计组"具有"监视（Monitor）"和"操作（Operate）"权限，如图4-3-9所示；"操作员组"只具有"操作（Operate）"权限，如图4-3-10所示。

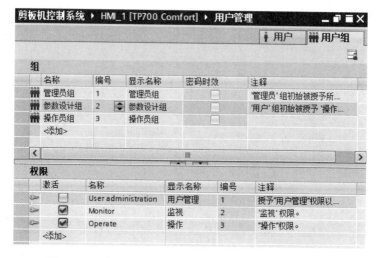

图 4-3-9 "参数设计组"具有"监视"和"操作"权限

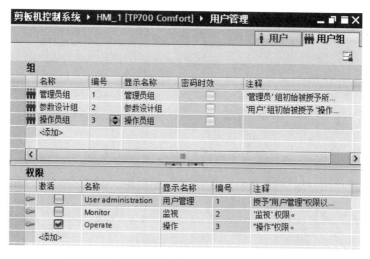

图 4-3-10 "操作员组"只具有"操作"权限

二、HMI 变量添加

步骤一： 在项目树下，展开"HMI_1"→"HMI 变量"，双击打开"默认变量表"，添加变量，其名称为"当前用户名"，数据类型为"WString"，连接为"＜内部变量＞"，如图 4-3-11 所示。

步骤二： 在项目树下，双击打开"计划任务"，添加计划任务"Task_1"，其触发器修改为"用户更改"，如图 4-3-12 所示；选中该"Task_1"，单击鼠标右键→属性，打开其"事件"选项卡，设置"更新"的函数为"获取用户名"，"变量"为"当前用户名"，如图 4-3-13 所示。

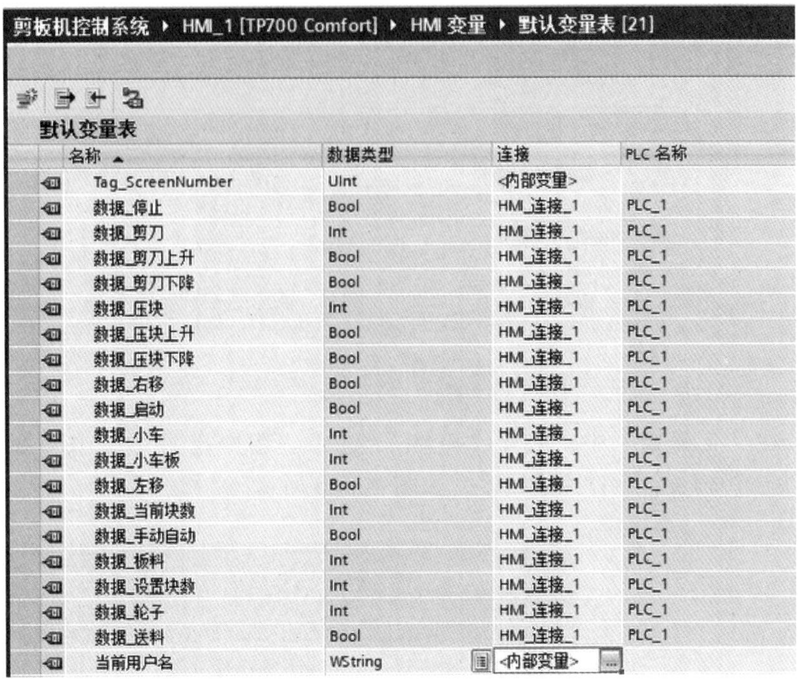

剪板机控制系统 ▶ HMI_1 [TP700 Comfort] ▶ HMI 变量 ▶ 默认变量表 [21]

默认变量表

名称 ▲	数据类型	连接	PLC 名称
Tag_ScreenNumber	UInt	<内部变量>	
数据_停止	Bool	HMI_连接_1	PLC_1
数据_剪刀	Int	HMI_连接_1	PLC_1
数据_剪刀上升	Bool	HMI_连接_1	PLC_1
数据_剪刀下降	Bool	HMI_连接_1	PLC_1
数据_压块	Int	HMI_连接_1	PLC_1
数据_压块上升	Bool	HMI_连接_1	PLC_1
数据_压块下降	Bool	HMI_连接_1	PLC_1
数据_右移	Bool	HMI_连接_1	PLC_1
数据_启动	Bool	HMI_连接_1	PLC_1
数据_小车	Int	HMI_连接_1	PLC_1
数据_小车板	Int	HMI_连接_1	PLC_1
数据_左移	Bool	HMI_连接_1	PLC_1
数据_当前块数	Int	HMI_连接_1	PLC_1
数据_手动自动	Bool	HMI_连接_1	PLC_1
数据_板料	Int	HMI_连接_1	PLC_1
数据_设置块数	Int	HMI_连接_1	PLC_1
数据_轮子	Int	HMI_连接_1	PLC_1
数据_送料	Bool	HMI_连接_1	PLC_1
当前用户名	WString	<内部变量>	

图 4-3-11　添加变量，名称为"当前用户名"，数据类型为"WString"，连接为"<内部变量>"

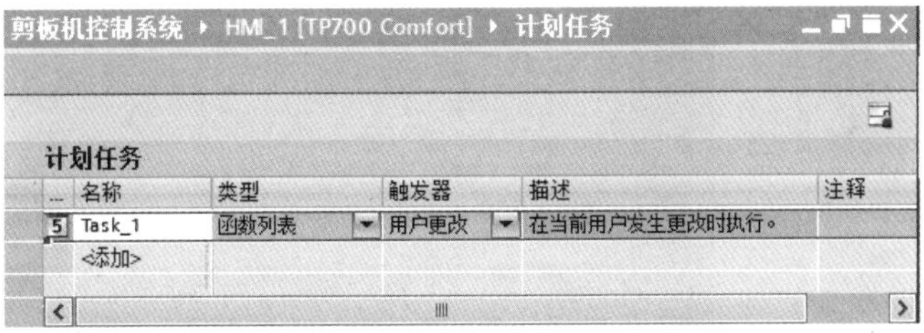

剪板机控制系统 ▶ HMI_1 [TP700 Comfort] ▶ 计划任务

计划任务

	名称	类型	触发器	描述	注释
5	Task_1	函数列表	用户更改	在当前用户发生更改时执行。	
	<添加>				

图 4-3-12　添加计划任务"Task_1"，触发器修改为"用户更改"

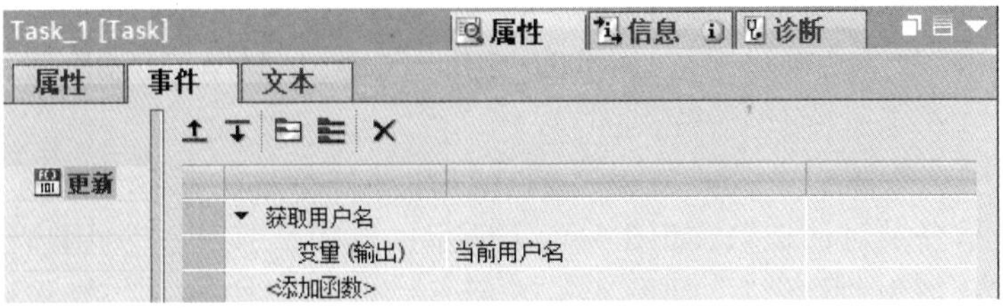

Task_1 [Task] 　　　属性　信息　诊断

属性	事件	文本

更新

▼ 获取用户名
　　变量 (输出)　当前用户名
　　<添加函数>

图 4-3-13　设置"更新"的函数

三、"触屏"设计

步骤一： 在项目树下，展开"画面"，双击"添加新画面"，生成"画面_1"，在其"属性"选项卡，选中"常规"，修改样式名称为"用户管理"，如图 4-3-14 所示。

图 4-3-14 触屏"画面_1"属性设置

步骤二：在"工具箱"中，展开"控件"，选中"用户视图"，如图 4-3-15 所示，在"用户管理"画面中生成"用户视图_1"，如图 4-3-16 所示。

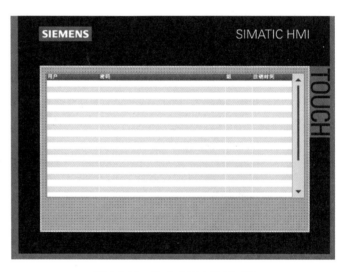

图 4-3-15 选中"用户视图"　　　　　　图 4-3-16 生成"用户视图_1"

步骤三：制作一个"按钮_1"，修改文本为"用户登录"，修改大小为长"150 * 50"，字体大小为"23"；制作"按钮_2"，文本为"用户注销"；制作"按钮_3"，文本为"操作界面"。

步骤四：选中"按钮_1"用户登录按钮，打开其"事件"选项卡，选中"按下"，设置其函数为"显示登录对话框"，如图 4-3-17 所示；选中"按钮_2"用户注销按钮，选中"按下"，设置其函数为"注销"，如图 4-3-18 所示；选中"按钮_3"操作画面按钮，选中"单击"，设置函数为"激活屏幕"，画面名称为"操作画面"，如图 4-3-19 所示。

步骤五：打开"操作画面"，制作一个"文本域_5"，设置文本为"当前用户:"；制作一个"I/O 域_3"，打开其"属性"选项卡，选中"常规"，过程变量关联为"当前用户名"，设置类型模式为"输出"，显示格式为"字符串"，如图 4-3-20 所示；制作一个"按钮_10"，打开其"属性"选项卡，修改文本为"用户管理"；打开其"事件"选项卡，选

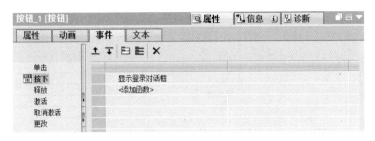

图 4-3-17　"按钮_1"事件设置

图 4-3-18　"按钮_2"事件设置

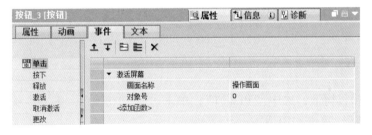

图 4-3-19　"按钮_3"事件设置

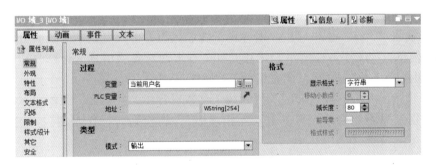

图 4-3-20　"I/O 域_3"属性设置

中"单击"，设置函数为"激活屏幕"，画面名称为"用户管理"，如图 4-3-21 所示。

　　步骤六：选中"操作画面"中用来设置剪切数量的"I/O 域_1"，打开其"属性"选项卡，选中"安全"，设置其"权限"为"Monitor"，如图 4-3-22 所示。

图 4-3-21 "按钮_10" 激活屏幕按钮设置——用户管理

图 4-3-22 "安全"权限设置

四、仿真运行

步骤一：在项目树下，选中"PLC_1"，单击"启动仿真"，单击"确定"，单击"装载"，单击"完成"，单击"RUN"。

步骤二：在项目树下，选中"HMI_1"，单击"启动仿真"。

步骤三：在触屏上，单击"用户管理"，切换到"用户管理"窗口，单击"用户登录"，可以输入用户名和密码，如图 4-3-23 所示。

1. 如果输入"Tom"和"123"，因为属于管理员组，可以看到本系统所有用户的用户名、组别等信息，如图 4-3-24 所示，并且可以在本页面对各项信息进行修改，再单击"操作画面"，切换到"操作画面"，能完成所有的操作。

2. 如果输入"Jerry"和"456"，因为属于参数设计组，在页面，只能显示和修改登录者信息，组别信息不能修改，再单击"操作画面"，切换到"操作画面"，能完成所有的操作。

3. 如果输入"Michael"和"789"，因为属于操作员组，在页面，只能显示和修改登录者信息，组别信息不能修改，再单击"操作画面"，切换到"操作画面"，参数信息无法修改，只能执行手动操作。

4. 在"操作画面"，可以显示当前登录用户名；在"用户管理"画面，单击"用户注销"可以注销登录的用户。

图 4-3-23　"用户管理"窗口

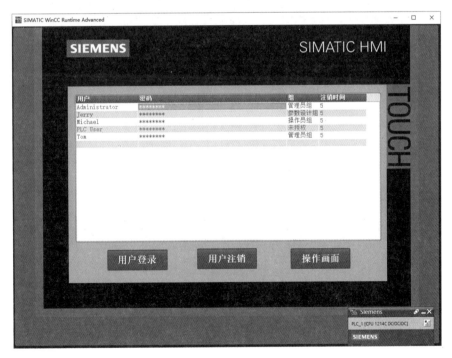

图 4-3-24　"管理员组"仿真

任务一　层级的使用

任务描述

在触屏的同一画面中用不同的层级绘制两个相同"电机"面板，分别如图 5-1-1 和图 5-1-2 所示，单击"电机 1"按钮，显示"电机 1"面板；单击"电机 2"按钮，显示"电机 2"面板。

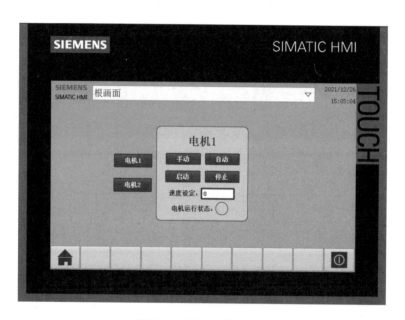

图 5-1-1　"电机 1"面板

注意事项：

1. "面板"共有 10 个构件，包括 1 个矩形、4 个按钮、3 个文本域、1 个 I/O 域、1 个圆。

2. 本任务中面板各构件暂不建立功能。

3. 为了区分两个面板，各构件以颜色或者数字进行区分。

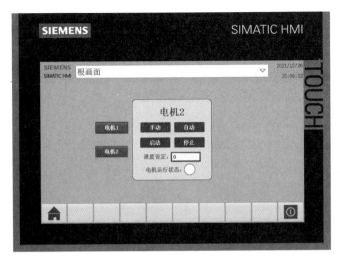

图 5-1-2　"电机 2"面板

 **相关知识**

一个画面由 32 个层组成，使用层可以在一个画面中完成各对象的分类编辑。

技能操作

一、创建项目

双击计算机桌面"TIA Portal V15.1"图标，打开软件，单击"创建新项目"，在项目名称栏中输入"多电机功能监控系统"，单击"创建"。

二、添加 PLC

单击屏幕左下侧"项目视图"，将软件界面切换到"项目视图"，在项目树下，双击"添加新设备"，弹出"添加新设备"窗口，选中"控制器"，展开"SIMATIC S7-1200"→"CPU"→"CPU 1214C DC/DC/DC"→"6ES7 214-1AG40-0XB0"，选中版本为 V4.2，单击"确定"，完成 PLC 添加。

三、添加 HMI

在项目树下，双击"添加新设备"，弹出"添加新设备窗口"，选中"HMI"，展开"SIMATIC 精智面板"→"7″显示屏"→"TP700 Comfort"→"6AV2 124-0GC01-0AX0"，选中版本为 15.1.0.0，单击"确定"，弹出"HMI 设备向导"，单击"浏览"右侧的下拉菜单，选中"PLC_1"，单击"完成"，完成 HMI 添加以及与 PLC 的连接。

四、PLC 变量添加

步骤一：在项目树下，展开"PLC_1"→"程序块"，双击"添加新块"，弹出"添加新块"对话框，选中"DB 数据块"，修改名称为"数据"，如图 5-1-3 所示，单击"确定"，在项目树下生成一个"数据［DB1］"，如图 5-1-4 所示。

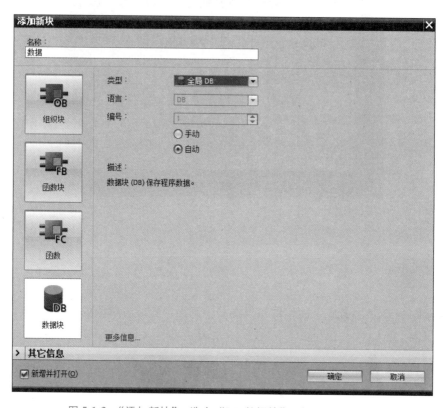

图 5-1-3 "添加新块"，选中"DB 数据块"，名称为"数据"

步骤二：双击打开"数据［DB1］"，添加变量，名称为"电机"、数据类型为"Int"，如图 5-1-5 所示。

图 5-1-4 项目树下生成
一个"数据［DB1］"

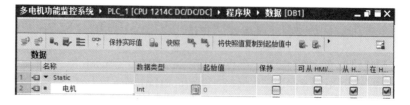

图 5-1-5 添加变量，名称为"电机"，数据类型为"Int"

五、"触屏"外观设计

步骤一：在项目树下，展开"HMI_1"→"画面"，双击打开"根画面"，删除"根画面"中多余的文字。

步骤二：利用"工具箱"中的"矩形"，制作一个大小为"240＊240"，角半径为"x＝10，y＝10"的"矩形_1"，如图5-1-6所示。

步骤三：利用"工具箱"中"元素"的"按钮"，制作一个"按钮_1"，打开其"属性"选项卡，选中"常规"，修改标签文本为"手动"；选中"布局"，修改大小为"100＊35"。制作一个"按钮_2"，修改文本为"自动"。制作一个"按钮_3"，修改文本为"启动"。制作一个"按钮_4"，修改文本为"停止"。这些按钮的大小均为"100＊35"，并调整位置，使其画面如图5-1-7所示。

图5-1-6　生成"矩形_1"

图5-1-7　制作"按钮_1"~"按钮_4"

步骤四：利用"工具箱"中"基本对象"的"文本域"，制作一个"文本域_1"，打开其"属性"选项卡，选中"常规"，修改文本为"电机1"，样式字体为"宋体，29px，style＝Bold"；制作一个"文本域_2"，文本为"速度设定："，字体为"宋体，16px，style＝Bold"；制作一个"文本域_3"，文本为"电机运行状态："，字体为"宋体，16px，style＝Bold"，并调整位置，使其画面如图5-1-8所示。

步骤五：利用"工具箱"中"元素"的"I/O域"，制作一个"I/O域_1"，打开其"属性"选项卡，选中"布局"，设置大小为"90＊30"。

步骤六：利用"工具箱"中"基本对象"的"圆"，制作一个"圆_1"，打开其"属性"选项卡，选中"布局"，设置半径为"16"；调整位置后，面板如图5-1-9所示。

图5-1-8　制作"文本域_1"~"文本域_3"

图5-1-9　制作"I/O域_1"和"圆_1"

步骤七： 选中以上所有的构件，打开"动画"选项卡，展开"显示"，双击"添加新动画"，在弹出的窗口选中"可见性"，单击"确定"，在总览中添加"可见性"动画，选中"可见性"，关联过程变量为"数据_电机"，设置范围为"从 1 到 1"，勾选"可见"，如图 5-1-10 所示。

图 5-1-10 "动画"设置

步骤八： 选中上述所有制作好的构件，单击鼠标右键→组合→组合，如图 5-1-11 所示，将所有构件组合成一个新的构件"Group"。

图 5-1-11 组成一个新的构件"Group"

步骤九： 选中屏幕中的构件，打开其"属性"选项卡，选中"布局"，查看并记录其在屏幕中的位置为"x = 273，y = 78"，如图 5-1-12 所示；再在画面中，按下"Ctrl+C"和"Ctrl+V"对选中的构件"Group"进行复制粘贴，生成"Group_1"；选中"Group_1"，打开其"属性"选项卡，选中"布局"，修改位置为"x = 273，y = 78"，画面中"Group"和"Group_1"重叠。

步骤十： 单击屏幕右侧"布局"，可以看到每个"画面"共有 32 层组成，打开"层_0"，可看到"层_0"下有"Group"和"Group_1"，如图 5-1-13 所示；通过长按鼠标左键并拖拽鼠标，可将"Group_1 拖入"层_1"；选中"层_1"，单击鼠标右键→"设置为活动层"，如图 5-1-14 所示；单击"层_0"右侧眼睛，眼睛变成灰色，如图 5-1-15 所示，则"层_0"被设定为不可见。

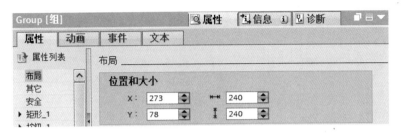

图 5-1-12 "Group" 布局设置

图 5-1-13 "层 0"

图 5-1-14 "层 1" 设置为活动

图 5-1-15 "层 0" 设置
为不可见

步骤十一：在触屏中选中构件"Group_1"，打开其"属性"选项卡，在"属性列表中"，选中"矩形_2"，修改其背景颜色为蓝色"0，255，255"，如图 5-1-16 所示；展开"按钮_5"，选中"外观"，修改其背景填充图案为"实心"，颜色为深蓝色"0，0，255"，如图 5-1-17 所示；展开"按钮_6"，选中"外观"，修改其背景填充图案为"实心"，颜色为深蓝色"0，0，255"；展开"按钮_7"，选中"外观"，修改其背景填充图案为"实心"，颜色为深蓝色"0，0，255"；展开"按钮_8"，选中"外观"，修改其背景填充图案为"实心"，颜色为深蓝色"0，0，255"；展开"文本域_4"，选中"常规"，修改文本为"电机 2"；展开"文本域_5"，选中"外观"，修改文本颜色为红色"255，0，0"，如图 5-1-18 所示；展开"文本域_6"，选中"外观"，修改文本颜色为红色"255，0，0"；展开"I/O 域_2"，选中"外观"，修改背景颜色为黄色"255，255，153"，如图 5-1-19 所示；选中"圆_2"，修改背景颜色为黄色"255，255，153"；并修改以上构件的变量范围"从 2 到 2"可见，如图 5-1-20 所示。

图 5-1-16 "矩形_2" 外观设置（蓝色）

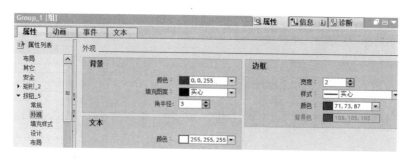

图 5-1-17 "按钮_5"外观设置（实心，深蓝色）

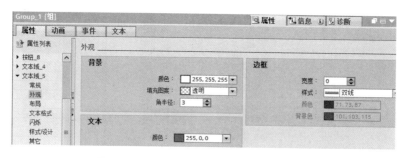

图 5-1-18 "文本域_5"外观设置（红色）

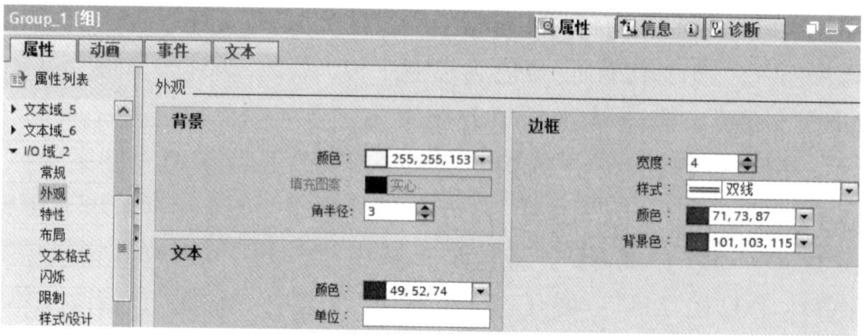

图 5-1-19 "I/O 域_2"外观设置（黄色）

图 5-1-20 修改变量范围"从 2 到 2"

步骤十二：单击"层_0"右侧眼睛，设定"层_0"为可见；选中"层_0"，单击鼠标右键→设置为活动，将其恢复为"活动层"。再利用"工具箱"中"元素"的"按钮"，制作一个"按钮_9"，打开其"属性"选项卡，选中"常规"，修改标签文本为"电机 1"；选中

"布局"，修改大小为长"100＊35"；打开"事件"选项卡，选中"单击"，设置函数为"计算脚本"→"设置变量"，变量为"数据_电机"，值为"1"，如图 5-1-21 所示。制作一个"按钮_10"，打开其"属性"选项卡，选中"常规"，修改标签文本为"电机2"；打开"事件"选项卡，选中"单击"，设置函数为"计算脚本"→"设置变量"，变量为"数据_电机"，值为"2"。画面制作完成后，如图 5-1-22 所示。

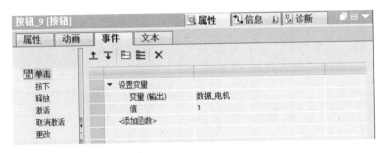

图 5-1-21　"按钮_9"制作（电机1）

图 5-1-22　"按钮_10"（电机2）

六、仿真测试

步骤一：在项目树下，选中"PLC_1"，单击"启动仿真"，单击"确定"，再单击"确定"，接口/子网的连接选择"插槽 1×1 处方向"，单击"开始搜索"，单击"下载"，单击"装载"，单击"完成"，单击"RUN"。

步骤二：在项目树下，选中"HMI_1"，单击"启动仿真"。

步骤三：在触屏上，单击"电机 1"按钮，显示"电机 1"面板；单击"电机 2"，显示"电机 2"面板。

任务二　画面管理

 **任务描述**

制作三个画面，在触屏上，单击屏幕右侧，出现"滑入画面"的句柄，单击"句柄"，出现"滑入画面"，如图 5-2-1 所示。在该画面，单击"工序一"按钮，显示"工序一"画面；单击"工序二"按钮，显示"工序二"画面；单击"工序三"按钮，显示"工序三"画面。

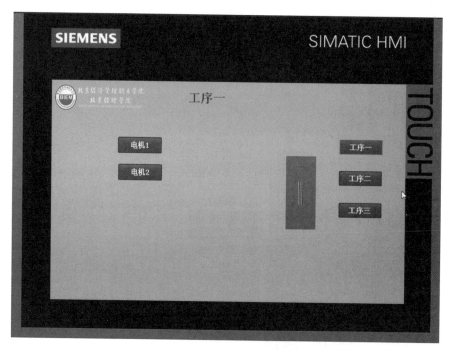

图 5-2-1　任务要求

注意事项：

1. 三个画面名称分别为"工序一"、"工序二"、"工序三"，画面有标题。

2. 每个画面都有相同的模板：包含"北京经济管理职业学院"的 LOGO 图片、系统工作日期和时间。

 **相关知识**

滑入画面，又称为"Slide-in screen"，通常利用该功能实现在当前打开的画面和滑入画面之间快速导航。滑入画面包含存储在当前打开的画面外部的附加组态内容，例如虚拟键盘

或系统对话框。使用画面边缘的可组态的手柄可以快速访问被激活的滑入画面。滑入画面的大小与使用的 HMI 设备有关。

每台设备最多可组态 4 个滑入画面，它们分别在运行系统当前打开的画面的顶部、底部、左侧和右侧显示。

 技能操作

一、"画面模板"设计

步骤一：在项目树下，展开"HMI_1"→"画面管理"，双击打开"永久区域"，打开其"属性"选项卡，选中"常规"，修改布局高度为"0"。

步骤二：在项目树下，展开"画面管理"→"模板"，双击打开"模板_1"，将画面中多余的按钮全部删除；利用"工具箱"中的"图形视图"，如图 5-2-2 所示，在模板画布中生成一个"模板_图形视图_1"，单击鼠标右键→添加图形，选中文件夹中的"logo"图片，如图 5-2-3 所示，单击"打开"，在模板画布上，呈现"logo"图片。选中该图片，打开其"属性"选项卡，选中"外观"，修改背景填充图案为"透明"，如图 5-2-4 所示。

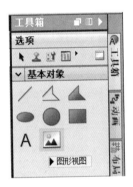

图 5-2-2 选"图形视图"

图 5-2-3 选择"logo"图片

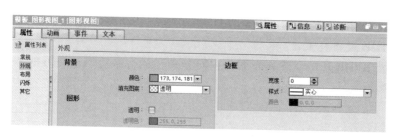

图 5-2-4　设置"模板_图形视图_1"外观

步骤三：利用"工具箱"中的"日期/时间域"，生成一个"模板_日期/时间域_1"，打开其"属性"选项卡，选中"常规"，其"域"勾选"显示日期"，取消"显示时间"；选中"外观"，修改背景填充图案为"透明"，边框宽度为"0"；选中"文本格式"，修改格式字体为"宋体，23px，style＝Bold"。

步骤四：利用"Ctrl+C"和"Ctrl+V"，复制生成一个"模板_日期/时间域_2"，打开其"属性"选项卡，选中"常规"，其"域"勾选"显示时间"，取消"显示日期"。

步骤五：选中两个"日期/时间域"，单击工具栏中的"垂直对齐所选对象"。

二、"模板"调用

步骤一：在项目树下，展开"HMI_1"→"画面"，双击打开"根画面"，打开其"属性"选项卡，选中"常规"，修改名称为"工序一"，样式模板选中"模板_1"，如图 5-2-5 所示。

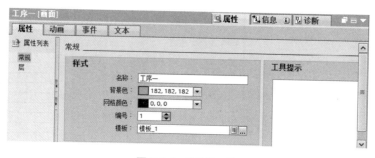

图 5-2-5　"工序一"

步骤二：在项目树下，双击"添加新画面"，生成一个"画面_1"，打开其"属性"选项卡，选中"常规"，修改名称为"工序二"，样式模板选中"模板_1"。

步骤三：双击"添加新画面"，生成一个"画面_1"，打开其"属性"选项卡，选中"常规"，修改名称为"工序三"，样式模板选中"模板_1"。

步骤四：利用"工具箱"中的"文本域"，在"工序一"画面添加标题"工序一"，修改字体为27，并调整画面各构件的位置，使其画面如图 5-2-6 所示；在"工序二"的画面添加标题"工序二"；在"工序三"的画面添加标题"工序三"。

三、"滑入画面"制作

步骤一：在项目树下，展开"画面管理"→"滑入画面"，双击打开"从右侧滑入画

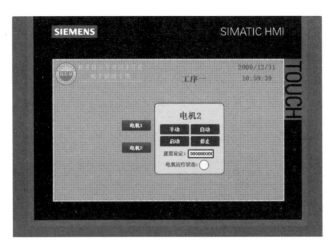

图 5-2-6　调整画面各构件的位置

面"，打开其"属性"选项卡，选中"常规"，勾选"启用"，如图 5-2-7 所示；选中"布局"，修改大小为"200 * 480"，如图 5-2-8 所示；选中"句柄"，可见性选中"自动隐藏句柄"，如图 5-2-9 所示。

图 5-2-7　从右侧滑入画面

图 5-2-8　布局，修改大小"200 * 480"

　　步骤二：利用"工具箱"中的"按钮"，在"滑入画面"生成一个"按钮_1"，打开其"属性"选项卡，选中"常规"，修改标签文本为"工序一"；打开"事件"选项卡，选中"单击"，添加函数为"画面"→"激活屏幕"，画面名称为"工序一"，如图 5-2-10 所示。生成一个"按钮_2"，修改标签文本为"工序二"；打开"事件"选项卡，选中"单击"，添加函数为"画面"→"激活屏幕"，画面名称为"工序二"。生成一个"按钮_3"，修改标签文本为"工序三"；打开"事件"选项卡，选中"单击"，添加函数为"画面"→"激活屏

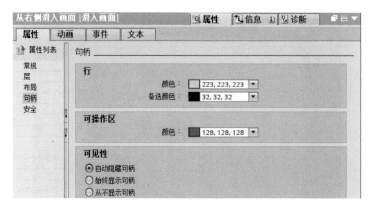

图 5-2-9 句柄，"自动隐藏句柄"

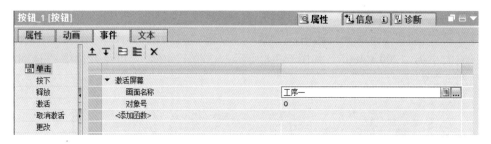

图 5-2-10 "按钮_1"命名为"工序一"，事件设置为"激活屏幕"

图 5-2-11 制作的"滑入画面"

幕"，画面名称为"工序三"。制作的"滑入画面"如图 5-2-11 所示。

四、仿真测试

步骤一： 在项目树下，选中"PLC_1"，单击"启动仿真"，单击"确定"，接口/子网的连接选择"插槽 1×1 处方向"，单击"开始搜索"，单击"下载"，单击"装载"，单击

"完成"，单击"RUN"。

　　步骤二： 在项目树下，选中"HMI_1"，单击"启动仿真"。

　　步骤三： 在触屏上，单击屏幕右侧，出现"滑入画面"的句柄，在"滑入画面"，单击"工序一"按钮，显示"工序一"画面；单击"工序二"按钮，显示"工序二"画面；单击"工序三"按钮，显示"工序三"画面。

任务三　高级功能面板组态

 **任务描述**

　　如图 5-3-1 所示，在任务二的基础上，三个工序画面都添加一个电机操作面板，学会对高级功能面板进行组态（当控制系统涉及多个相同构件不同功能变量时，建议使用高级功能面板进行画面设计）。要求每一个面板上的按钮、I/O 域、指示灯的状态和数值跟 PLC 的变量互相关联。

图 5-3-1　任务要求

 **相关知识**

　　面板（Faceplace）是一组已组态的显示和操作对象，在项目库和库视图中集中管理和更改这些对象。可以在同一个项目或不同项目中多次使用面板，来创建面板中的显示和操作对象。面板可以扩展画面对象资源，减少设计工作量，同时确保项目的一致性。某些老系列的 HMI 设备没有面板功能。在使用面板时，将不显示 HMI 设备中没有的那些画面对象。

面板基于"类型-实例"模型，支持集中更改。在类型中创建对象的主要属性，实例代表类型的局部应用。可以根据自己的要求来创建显示和操作对象，并将其存储在项目库中。

创建的显示的操作对象保存到项目库的"类型"文件夹中。在面板类型中，可以定义能够在面板上更改的属性。

面板是面板类型的一个实例，可以在画面中使用面板来生成显示和操作对象。在实例中对面板类型的可变属性进行组态，并将项目的变量分配给面板。对面板所做的更改只在应用点保存，对面板类型没有影响。

 技能操作

一、"面板"外观设计

步骤一： 在项目树下，展开"HMI_1"→"画面"，双击打开"工序一"画面；单击屏幕右侧"布局"→"工序一"，单击"层_1"右侧眼睛，设置"层_1"不可见，选中画布中的"电机1"面板进行复制。

步骤二： 单击屏幕右侧"库"→"项目库"→"类型"，如图 5-3-2 所示，双击"添加新类型"，弹出"添加新类型"窗口，选中"面板"，修改名称为"Motor"，如图 5-3-3 所示，单击"确定"。

图 5-3-2 "添加新类型"

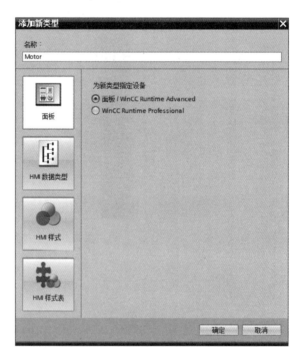

图 5-3-3 添加"Motor"面板

步骤三： 在打开的库视图中的面板编辑器窗口，粘贴"电机1"面板到工作区，如图 5-3-4 所示。

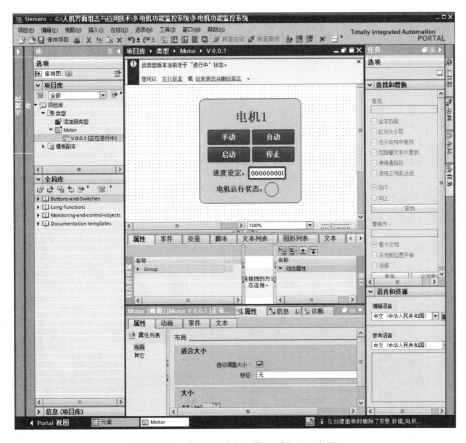

图 5-3-4　粘贴"电机 1"面板到工作区

二、"面板属性"添加

步骤一： 选中"电机 1"面板，单击鼠标右键→组合→取消编组，在面板编辑器的"组态区域"的"属性"选项卡中可看到"电机 1"面板所有的构件，如图 5-3-5 所示，展开"文本域_1"→"常规"，选中"文本"，长按鼠标，并拖拽鼠标，将"文本"拖入到右侧窗口的"动态属性"下方；再展开"文本格式"，选中"字体"，并拖拽"字体"到右侧窗口，完成后如图 5-3-6 所示。

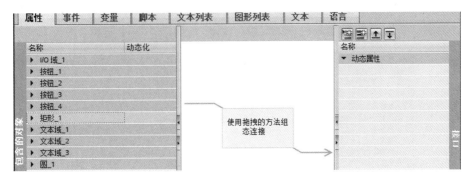

图 5-3-5　使用拖拽的方法组态连接

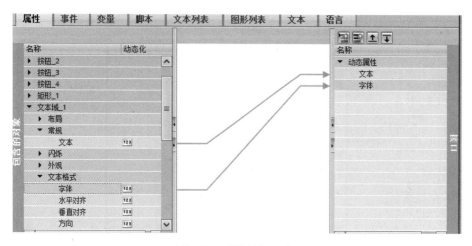

图 5-3-6 "拖拽"示意

步骤二： 在其右侧窗口中选中"动态属性"，单击鼠标右键→"添加新属性"，如图 5-3-7 所示，连续添加 5 次，并修改名称和类型为"手自动模式""Bool"、"启动""Bool"、"停止""Bool"、"速度设定""Real"、"电机运行状态""Bool"，如图 5-3-8 所示。

图 5-3-7 "添加新属性"5 次

图 5-3-8 修改新属性的名称和类型

步骤三： 在工作区，选中"按钮_1"手动按钮，单击鼠标右键→事件，打开其"事件"选项卡，选中"按下"，添加函数为"编辑位"→"复位位"，变量为"面板类型属性"→"手自动模式"，如图 5-3-9 所示。打开其"动画"选项卡，展开"显示"，双击"添加新动画"，在弹出的窗口选中"外观"，如图 5-3-10 所示，单击"确定"，在总览下生成"外观"；选中"外观"，关联变量名称为"手自动模式"，添加范围"0"、背景色为绿色"0，255，0"，范围"1"、背景色为灰色"99，101，113"，如图 5-3-11 所示。

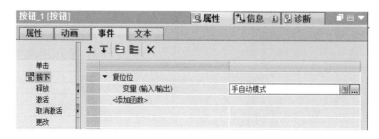

图 5-3-9 添加"按钮_1"手动按钮

图 5-3-10　添加动画→外观

图 5-3-11　设置按钮_1"外观"

步骤四：在工作区，选中"按钮_2"自动按钮，单击鼠标右键→事件，打开其"事件"选项卡，选中"按下"，添加函数为"编辑位"→"置位位"，变量为"面板类型属性"→"手自动模式"，如图 5-3-12 所示。打开其"动画"选项卡，展开"显示"，双击"添加新动画"，在弹出的窗口选中"外观"，单击"确定"，在总览下生成"外观"；选中"外观"，关联变量名称为"手自动模式"，添加范围"0"、背景色为绿色"0，255，0"，范围"1"、背景色为灰色"99，101，113"，如图 5-3-13 所示。

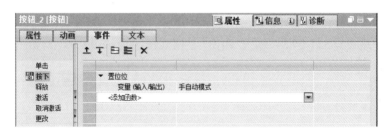

图 5-3-12　"按钮_2"事件设置

步骤五：在工作区，选中"按钮_3"启动按钮，单击鼠标右键→事件，打开其"事件"选项卡，选中"按下"，添加函数为"编辑位"→"按下按键置位位"，变量为"面板类型属性"→"启动"，如图 5-3-14 所示。在工作区，选中"按钮_4"停止按钮，单击鼠标右键→事

图 5-3-13　"按钮_2"动画设置

件，打开其"事件"选项卡，选中"按下"，添加函数为"编辑位"→"按下按键置位位"，变量为"面板类型属性"→"停止"，如图 5-3-15 所示。

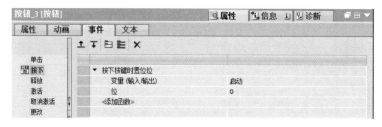

图 5-3-14　"按钮_3"事件设置

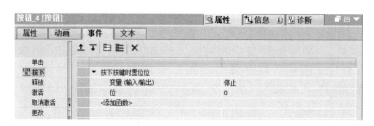

图 5-3-15　"按钮_4"事件设置

　　步骤六：在工作区，选中"I/O 域_1"，打开其"属性"选项卡，选中"常规"，关联过程变量为"速度设定"，类型"输入/输出"，格式样式为"s99.99"，如图 5-3-16 所示。

图 5-3-16　"I/O 域_1"常规设置

步骤七：在工作区，选中"圆_1"，打开其"动画"选项卡，展开"显示"，双击"添加新动画"，在弹出的窗口，选中"外观"，单击"确定"，在总览中添加"外观"；选中"外观"，关联变量名称为"电机运行状态"，添加范围"0"、背景色为灰色"217，217，217"，范围"1"、背景色为绿色"0，255，0"，如图 5-3-17 所示。

图 5-3-17 "圆_1"外观设置

三、版本发行

步骤一：如图 5-3-18 所示，单击"发行版本"，弹出"发布类型版本"窗口，如图 5-3-19 所示，单击"确定"。

图 5-3-18 单击"发行版本"

图 5-3-19 "发布类型版本"窗口

步骤二：如图 5-3-20 所示，单击左侧"启动"；可看见在项目库中生成了一个"Motor"

类型，如图 5-3-21 所示。

图 5-3-20　单击左侧"启动"

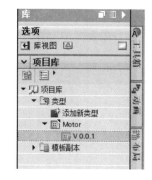

图 5-3-21　成生了 Motor 类型 V0. 0. 1

四、PLC 变量添加

步骤一： 在项目树下，展开"PLC_1"→"程序块"，双击打开"数据［DB1］"，添加变量"M1""Struct"；并在其下拉列表中添加"手自动模式""Bool"、"启动""Bool"、"停止""Bool"、"速度设定""Real"、"电机运行状态""Bool"，如图 5-3-22 所示。

		名称	数据类型	起始值	保持	可从 HMI/...	从 H...	在 HMI ...	...
1	▼	Static			☐			☐	
2	■	电机	Int	0	☐	☑	☑	☑	
3	■ ▼	M1	Struct		☐	☑	☑	☑	
4	■	手自动模式	Bool	false	☐	☑	☑	☑	
5	■	启动	Bool	false	☐	☑	☑	☑	
6	■	停止	Bool	false	☐	☑	☑	☑	
7	■	速度设定	Real	0.0	☐	☑	☑	☑	
8	■	电机运行状态	Bool	false	☐	☑	☑	☑	
9	■	<新增>			☐	☐	☐	☐	

图 5-3-22　添加"M1"并设置 5 个变量

步骤二： 通过复制粘贴，再次添加变量"M2""Struct"、"M3""Struct"；"M2"和"M3"每个都包含 5 个变量，分别位"手自动模式"、"启动"、"停止"、"速度设定"和"电机运行状态"，如图 5-3-23 所示。

五、关联变量

步骤一： 在项目树下，展开"HMI_1"→"画面"，双击打开"工序一"，展开屏幕右侧"库"→"工序一"，单击其"层_1"右侧眼睛，设定"层_1"可见。在"工序一"画面中，删除该画面原有的面板和按钮。展开屏幕右侧"库"→"项目库"，选中"Motor"，长按鼠标，拖动"Motor"到"工序一"画面中，生成一个"Motor_1"构件；选中该构件，单击鼠标右键→"属性"，打开其"接口"选项卡，分别关联"数据_M1_电机运行状态"、"数据_M1_启动"、"数据_M1_手自动模式"、"数据_M1_速度设定"、"数据_M1_停止",如图 5-3-24 所示。

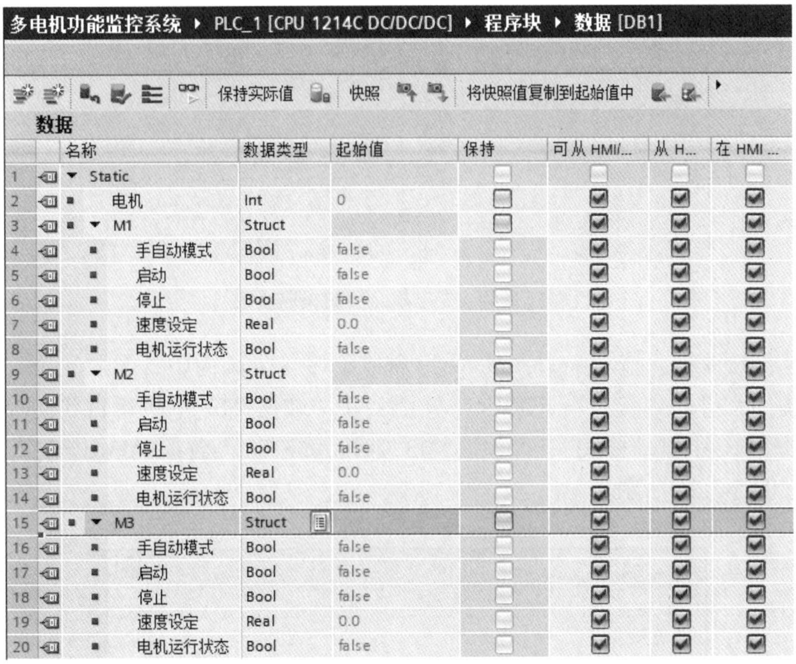

图 5-3-23　变量添加

图 5-3-24　"电机 1"的关联设置

　　步骤二:在项目树下,展开"HMI_1"→"画面",双击打开"工序二",在项目库中选中"Motor",长按鼠标,拖动一个"Motor"到"工序二"画面中,生成一个"Motor_1"构件;选中该构件,打开"接口"选项卡,分别关联"数据_M2_电机运行状态"、"数据_M2_启动"、"数据_M2_手自动模式"、"数据_M2_速度设定"、"数据_M2_停止",文本修改为"电机 2",如图 5-3-25 所示。

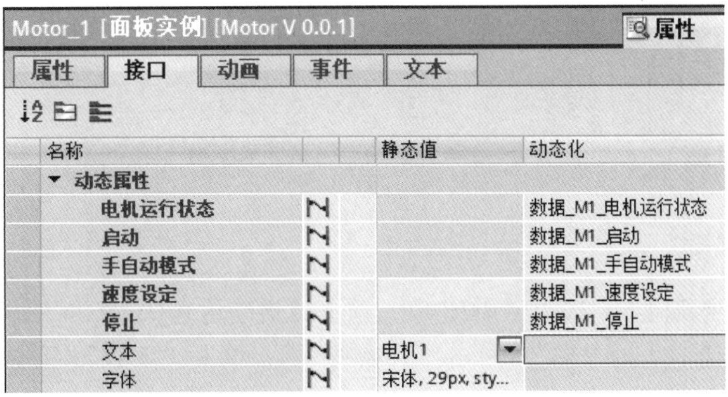

　　步骤三:在项目树下,展开"HMI_1"→"画面",双击打开"工序三",在项目库中选

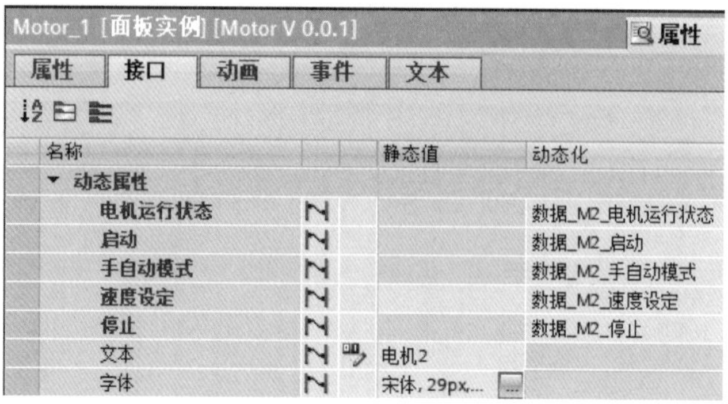

图 5-3-25 "电机 2"的关联设置

中"Motor"，长按鼠标，拖动一个"Motor"到"工序三"画面中，生成一个"Motor_1"构件；选中该构件，打开"接口"选项卡，分别关联"数据_M3_电机运行状态"、"数据_M3_启动"、"数据_M3_手自动模式"、"数据_M3_速度设定"、"数据_M3_停止"，文本修改为"电机 3"，如图 5-3-26 所示。

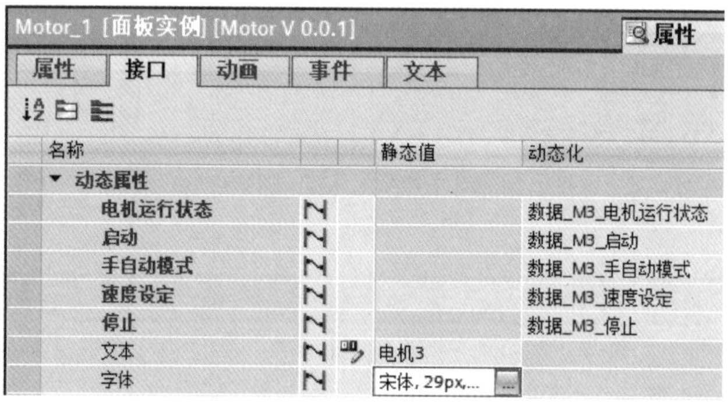

图 5-3-26 "电机 3"的关联设置

六、仿真测试

步骤一： 在项目树下，选中"PLC_1"，单击"启动仿真"，单击"确定"，接口/子网的连接选择"插槽1×1处方向"，单击"开始搜索"，单击"下载"，单击"装载"，单击"完成"，单击"RUN"。

步骤二： 在项目树下，选中"HMI_1"，单击"启动仿真"。

步骤三： 打开"数据［DB1］"，单击"全部监视"，调整画面显示，然后可以看到触屏界面相关面板的操作与"数据［DB1］"中相关变量数据的"监视值"一一对应，如图 5-3-27 所示，触屏电机 1 的"自动"按钮按下，呈现绿色，则"数据［DB1］"的变量"M1"的"手自动模式"的监视值为"TRUE"；设定"数据［DB1］"的变量"M1"的"速度设定"变量为"45.6"，则触屏电机 1 的"速度设定"显示为"+45.60"；设定"数据［DB1］"的变量"M1"的"电机运行状态"设定为"TRUE"，则触屏电机 1 的"电机运行状态"显示绿色。

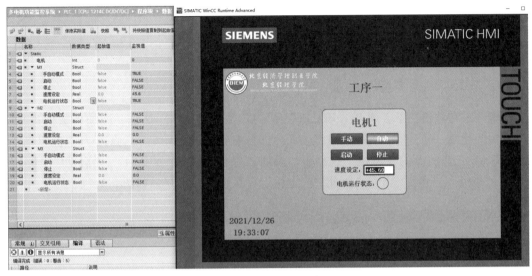

图 5-3-27　仿真测试

任务四　高级功能面板应用

任务描述

任务三在具体工作中，当涉及多个相同构件不同功能变量时，添加变量的工作非常琐碎且容易出错，本任务帮助大家学会在面板多次调用时，如何利用高级功能面板相应的功能进行快速关联变量，并能实现相应的功能。如图 5-4-1 所示，在进行仿真测试时，触屏界面相关面板的操作与"数据［DB1］"中变量"M001"、"M002"和"M003"数据的"监视值"一一对应。

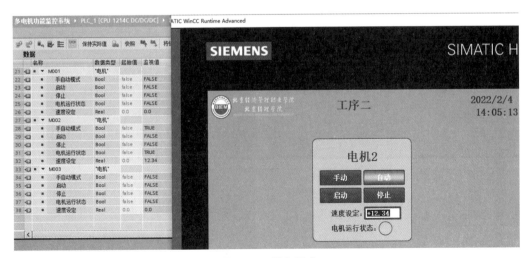

图 5-4-1　任务要求

技能操作

一、"PLC 数据类型" 添加

步骤一： 在项目树下，展开 "PLC_1" → "PLC 数据类型"，双击 "添加新数据类型"，在项目树下生成一个 "用户数据类型_1"，单击右键 → "重命名"，修改为 "电机"，如图 5-4-2 所示。在打开的 "电机" 表格中，添加 "手自动模式" "Bool"、"启动" "Bool"、"停止" "Bool"、"速度设定" "Real"、"电机运行状态" "Bool"，如图 5-4-3 所示。

图 5-4-2 "添加新数据类型" → 电机

图 5-4-3 在 "电机" 中添加 5 个变量

步骤二： 在项目树下选中刚创建的 PLC 数据类型 "电机"，长按鼠标左键，将其拖拽到右侧的项目库下 "添加新类型" 中，弹出 "添加类型"，如图 5-4-4 所示，单击 "确定"，在项目库下的 "类型" 中生成一个 "电机"，如图 5-4-5 所示。

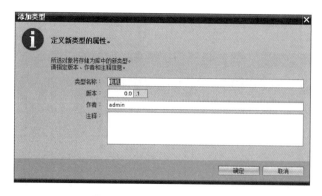
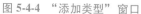

图 5-4-4 "添加类型" 窗口

图 5-4-5 在项目库生成一个 "电机"

二、"面板属性" 添加

步骤一： 在项目库中，选中 "Motor"，单击鼠标右键 → "编辑类型"，展开项目库视图，在组态区域，选中"属性"选项卡，在其右侧窗口，删除"动态属性"下的"手自动模式""启动""停止""速度设定""电机运行状态"属性，如图 5-4-6 所示。

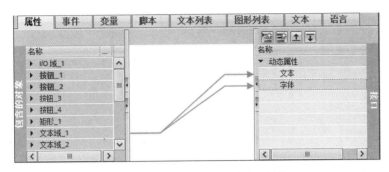

图 5-4-6 删除原来的"动态属性"

步骤二：在该窗口中，选中"动态属性"，单击鼠标右键→"添加新属性"，生成一个"Property_1"，修改其类型为"电机 V0.0.1"，则自动关联"手自动模式""启动""停止""速度设定"和"电机运行状态"5 个变量，如图 5-4-7 所示。

图 5-4-7 添加新属性

步骤三：在工作区，选中"按钮_1"手动按钮，打开其"事件"选项卡，选中"按下"，添加函数为"复位位"，变量为"Property_1. 手自动模式"，如图 5-4-8 所示；打开其"动画"选项卡，添加"外观"动画，设定变量名称为"Property_1. 手自动模式"，添加范围"0"、背景色为绿色"0，255，0"，范围"1"、背景色为灰色"99，101，113"，如图 5-4-9 所示。

图 5-4-8 "按钮_1"事件设置

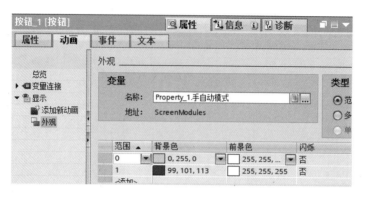

图 5-4-9 "按钮_1"动画外观设置

步骤四：在工作区，选中"按钮_2"自动按钮，打开其"事件"选项卡，选中"按下"，添加函数为"置位位"，变量为"Property_1. 手自动模式"，如图 5-4-10 所示；打开其"动画"选项卡，添加"外观"动画，设定变量名称为"Property_1. 手自动模式"，添加范围"0"、背景色为灰色"99，101，113"，范围"1"、背景色为绿色"0，255，0"，如图 5-4-11 所示。

图 5-4-10 "按钮_2"事件设置

图 5-4-11 "按钮_2"动画外观设置

步骤五：在工作区，选中"按钮_3"启动按钮，打开其"事件"选项卡，选中"按下"，添加函数为"按下按键时置位位"，变量为"Property_1.启动"，如图 5-4-12 所示；选中"按钮_4"停止按钮，打开其"事件"选项卡，选中"按下"，添加函数为"按下按键时置位位"，变量为"Property_1.停止"，如图 5-4-13 所示。

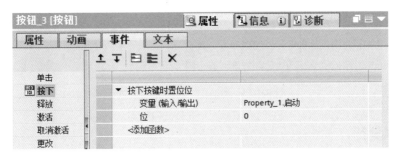

图 5-4-12　"按钮_3"事件设置

图 5-4-13　"按钮_4"事件设置

步骤六：在工作区，选中"I/O 域_1"，打开其"属性"选项卡，选中"常规"，添加过程变量为"Property_1.速度设定"，类型"输入/输出"，格式样式为"s99.99"，如图 5-4-14 所示。

图 5-4-14　"I/O 域_1"常规设置

步骤七：在工作区，选中"圆_1"图形，打开其"动画"选项卡，添加"外观"，设定变量名称为"Property_1.电机运行状态"，添加范围"0"、背景色为灰色"217，217，217"，添加范围"1"、背景色为绿色"0，255，0"，如图 5-4-15 所示。

图 5-4-15　"圆_1" 动画外观设置

三、版本发行

步骤一： 单击"发行版本"，弹出"发布类型版本"，勾选"更新项目中的实例"、"从库中删除未使用的类型版本"，如图 5-4-16 所示，单击"确定"。

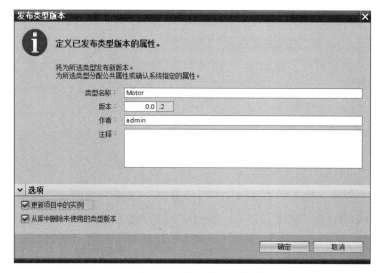

图 5-4-16　"发布类型版本"窗口

步骤二： 单击左侧三角符号，如图 5-4-17 所示，"关闭项目库视图"；可看见在项目库中的"Motor"类型由"V0.0.1"变成了"V0.0.2"，如图 5-4-18 所示。

图 5-4-17　单击左侧三角符号，
"关闭项目库视图"

图 5-4-18　"Motor"类型由
"V0.0.1"变成了"V0.0.2"

四、PLC 变量设置

在项目树下，展开"PLC_1"→"程序块"，双击打开"数据［DB1］"，新增一个变量名称为"M001"、类型为"电机"；一个变量名称为"M002"、类型为"电机"；一个变量名称为"M003"、类型为"电机"，可以看到"数据［DB1］"，如图 5-4-19 所示。

图 5-4-19 变量设置

五、关联变量

步骤一：在项目树下，展开"HMI_1"→"画面"，双击打开"工序一"，删除画面原有面板，重新在项目库中，选中"Motor"，并将其拖拽到"工序一"画面，生成一个"Motor_1"构件。

步骤二：选中该构件，单击鼠标右键→"属性"，打开"接口"选项卡，设置"Property_1"为"数据_M001"，如图 5-4-20 所示。

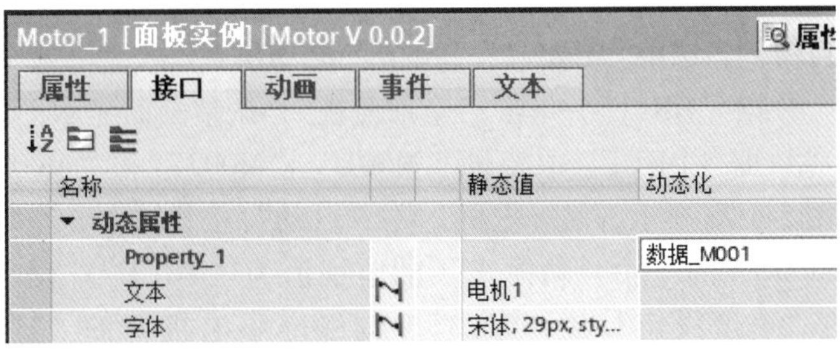

图 5-4-20 "电机 1"接口设置

161

步骤三：打开"工序二"画面，删除画面原有面板，再在项目库中选中"Motor"，并将其拖拽到"工序二"画面，生成一个"Motor_1"构件。

步骤四：打开其"接口"选项卡，在"Property_1"中选择"数据_M002"，修改文本为"电机2"，如图 5-4-21 所示。

图 5-4-21 "电机 2"接口设置

步骤五：打开"工序三"画面，删除画面原有面板，再在项目库中选中"Motor"，并将其拖拽到"工序三"画面，生成一个"Motor_1"构件。

步骤六：打开其"接口"选项卡，在"Property_1"中选择"数据_M003"，修改文本为"电机3"，如图 5-4-22 所示。

图 5-4-22 "电机 3"接口设置

六、仿真测试

步骤一：在项目树下，选中"PLC_1"，单击"启动仿真"，单击"确定"，接口/子网的连接选择"插槽1×1处方向"，单击"开始搜索"，单击"下载"，单击"装载"，单击"完成"，单击"RUN"。

步骤二：在项目树下，选中"HMI_1"，单击"启动仿真"。

步骤三：打开"数据［DB1］"，单击"全部监视"，调整画面显示，可以看到触屏界面相关面板的操作与"数据［DB1］"中变量"M001""M002"和"M003"数据的"监视值"一一对应，如图 5-4-23 所示，触屏电机 2 的"自动"按钮按下，呈现绿色，则"数据［DB1］"的变量"M002"的"手自动模式"的监视值为"TRUE"；设定"数据［DB1］"的变量"M002"的"速度设定"为"12.3"，则触屏中电机 2 的"速度设定"显示为"+12.30"；设定"数据［DB1］"的变量"M002"的"电机运行状态"设定为"TRUE"，则触屏中电机 2 的"电机运行状态"显示绿色。

图 5-4-23　仿真测试

项目六　饮料生产线监控系统

任务一　模板制作

任务描述

设计模板，如图 6-1-1 所示，制作 8 个画面（欢迎画面、操作画面、配方画面、历史趋势、故障模拟、实时报警、历史报警、用户管理），每个画面都使用该模板，并通过单击画面下方的按钮，可对应进入相应的画面。启动画面为"欢迎画面"。

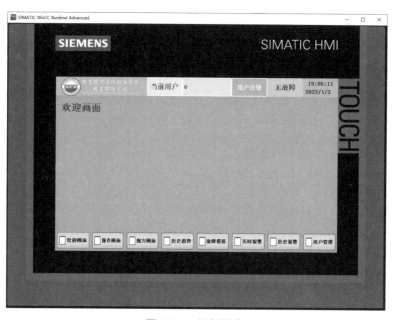

图 6-1-1　任务要求

相关知识

在模板中组态的功能键和对象将在所有画面中起作用。对模板中的对象或功能键分配的更改，将应用于基于此模板的所有画面中的对象。可以创建多个模板，一个画面只能基于一个模板。模板中的功能键在其他画面中用灰色显示，不能修改它们，只能在模板中修改功能键。

技能操作

一、创建项目

双击计算机桌面"TIA Portal V15.1"图标，打开软件，单击"创建新项目"，在项目名称栏中输入"饮料生产线监控系统"，单击"创建"。

二、添加 PLC

单击屏幕左下侧"项目视图"，将软件界面切换到"项目视图"，在项目树下，双击"添加新设备"，弹出"添加新设备"窗口，选中"控制器"，单击"SIMATIC S7-1200"→"CPU"→"CPU 1214C DC/DC/DC"→"6ES7 214-1AG40-0XB0"，选中版本为 V4.2，单击"确定"，完成 PLC 添加。

三、添加 HMI

在项目树下，双击"添加新设备"，弹出"添加新设备窗口"，选中"HMI"，单击"SIMATIC 精智面板"→"7″显示屏"→"TP700 Comfort"→"6AV2 124-0GC01-0AX0"，选中版本为 15.1.0.0，单击"确定"，弹出"HMI 设备向导"，单击"浏览"右侧的下拉菜单，选中"PLC_1"，单击"完成"，完成 HMI 添加以及与 PLC 的连接。

四、变量添加

步骤一：在项目树下，展开"程序块"，双击"添加新块"，弹出"添加新块"，选中"DB 数据块"，修改名称为"数据"，如图 6-1-2 所示，单击"确定"，在项目树下生成一个"数据［DB1］"，如图 6-1-3 所示。

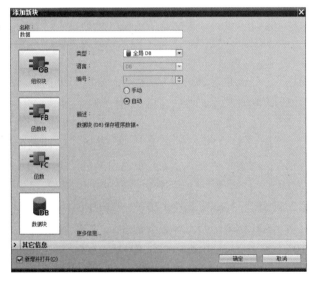

图 6-1-2 "添加新块"→"DB 数据块"，修改名称为"数据"

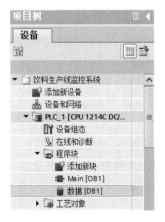

图 6-1-3 项目树下生成一个"数据［DB1］"

步骤二： 双击打开的"数据［DB1］"，添加变量"画面编号"，数据类型为"Int"，如图 6-1-4 所示。

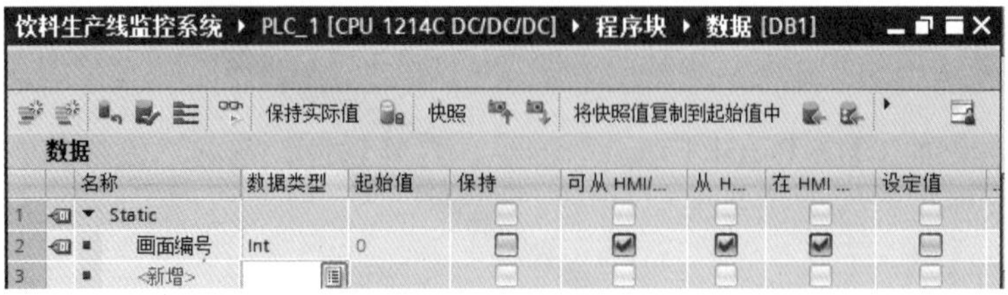

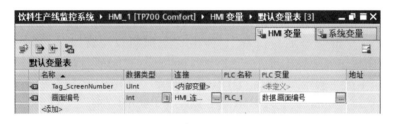

图 6-1-4　在"数据"下添加变量

步骤三： 在项目树下，展开"HMI_1"→"HMI 变量"，双击打开"默认变量表"，添加变量名称为"画面编号"，数据类型为"Int"，并在"PLC 变量"栏中关联"数据.画面编号"，如图 6-1-5 所示。

图 6-1-5　在"HMI 变量"下添加变量，并关联

步骤四： 选中该"画面编号"，单击鼠标右键→属性，打开"事件"选项卡，选中"数值更改"，添加函数"画面"→"根据编号激活屏幕"，画面号为"画面编号"，如图 6-1-6 所示。

五、"模板"画面设计

图 6-1-6　画面编号

步骤一： 在项目树下，展开"HMI_1"→"画面管理"→"模板"，双击打开"模板_1"，删除画面中所有的构件，并将画框拉升拓展到最大画面。

步骤二： 利用"工具箱"中"元素"的"按钮"，生成一个"模板_按钮_1"，打开其"属性"选项卡，选中"常规"，选择模式为"图形和文本"，标签为"欢迎画面"，图形添加一个"方框"图片，如图 6-1-7 所示；选中"外观"，文本颜色为黑色"0，0，0"，边框为"1"，如图 6-1-8 所示；选中"填充样式"，修改其梯度背景色为"239，239，239"，梯度 1 颜色为"223，223，223"，梯度 2 颜色为"207，207，207"，如图 6-1-9 所示；选中"布局"，调整位置和大小为"x = 12，y = 420，90 * 45"，文本边距为"左 25，右 5"，图片边距为"左 5，右 65，上 10，下 10"，如图 6-1-10 所示；选中"文本格式"，格式字体为"宋体，13px，style = Bold"，如图 6-1-11 所示；打开"事件"选项卡，选中"单击"，添加函数为"计算脚本"→"设置变量"，变量为"画面编号"，值为"1"，如图 6-1-12 所示。

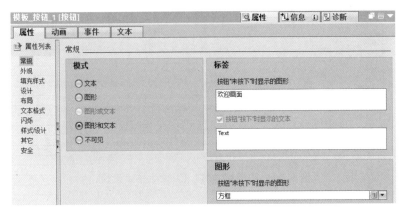

图 6-1-7　"模板_按钮_1"常规设置

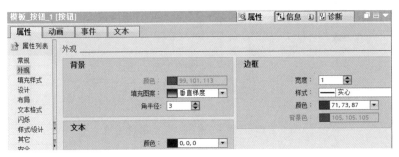

图 6-1-8　"模板_按钮_1"外观设置

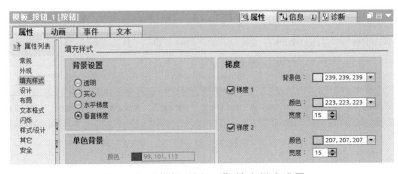

图 6-1-9　"模板_按钮_1"填充样式设置

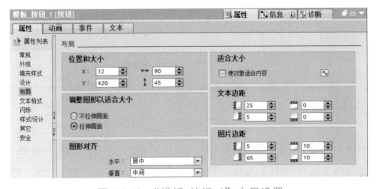

图 6-1-10　"模板_按钮_1"布局设置

167

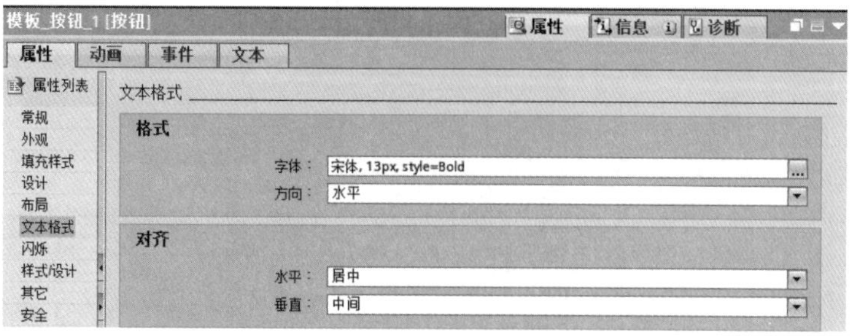

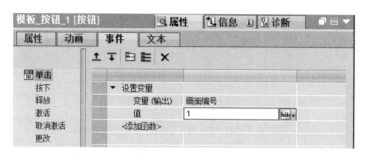

图 6-1-11 "模板_按钮_1" 文本格式设置

图 6-1-12 "模板_按钮_1" 的事件设置

步骤三：复制粘贴 7 个相同按钮，并利用"对齐"将 8 个按钮进行排列，修改名称为"操作画面""配方画面""历史趋势""故障模拟""实时报警""历史报警"和"用户管理"，如图 6-1-13 所示，并在各自的"事件"中，选中"单击"，添加函数为"设置变量"，变量设定为"画面编号"，值分别为"2""3""4""5""6""7""8"；如图 6-1-14 所示为"用户管理"的"事件"选项卡设置的截图。

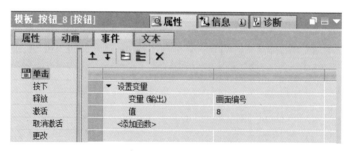

图 6-1-13 复制 7 个相同按钮，并改名称

图 6-1-14 "用户管理"的"事件"设置

步骤四：利用"工具箱"中"基本对象"的"矩形""，打开其"属性"选项卡，选中"外观"，修改背景颜色为蓝色"153，204，255"，边框颜色为蓝色"153，204，255"，如图 6-1-15 所示；选中"布局"，设置位置和大小为"x=0，y=0，宽 800，高 52"，如图 6-1-16 所示。

图 6-1-15　"模板_矩形_1"外观设置

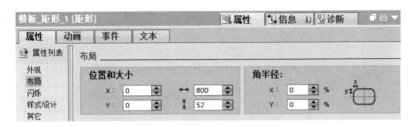

图 6-1-16　"模板_矩形_1"布局设置

步骤五：利用"工具箱"中"基本对象"的"图形视图"，添加一个"LOGO"图片，打开其"属性"选项卡，选中"外观"，设定背景填充图案为"透明"，如图 6-1-17 所示；选中"布局"，设置位置和大小为"x = 16，y = 3，宽 262，高 50"，如图 6-1-18 所示。

图 6-1-17　"模板_图形视图_1"外观设置

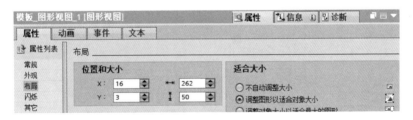

图 6-1-18　"模板_图形视图_1"布局设置

步骤六：利用"工具箱"中"基本对象"的"文本域"，添加一个"模板_文本域_1"，打开其"属性"选项卡，选中"常规"，修改文本为"当前用户"；选中"外观"，修改背景颜色为浅蓝色"212，254，255"，背景填充图案为"实心"，边框宽度为"2"，边框颜色为白色"255，255，255"，如图 6-1-19 所示；选中"布局"，取消"使对象适合内容"，调整位置和大小为"x = 260，y = 0，宽 100，高 52"，如图 6-1-20 所示；选中"文本格式"，修改格式字体为"宋体，19px，style＝Bold"，对齐水平"居中"。

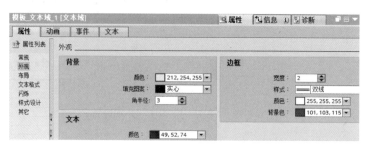

图 6-1-19 "模板_文本域_1"外观设置

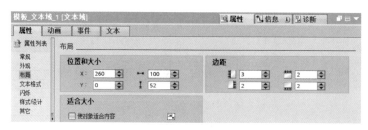

图 6-1-20 "模板_文本域_1"

步骤七：利用"工具箱"中"基本对象"的"I/O 域"，添加一个"模板_I/O 域_1"；打开其"属性"选项卡，选中"外观"，设置背景颜色为浅绿色"204，255，204"，边框宽度为"2"，边框颜色为白色"255，255，255"，如图 6-1-21 所示；选中"布局"，调整位置和大小为"x＝360，y＝0，宽 140，高 52"，如图 6-1-22 所示；选中"文本格式"，修改格式字体为"宋体，19px，style＝Bold"，对齐水平"居中"。

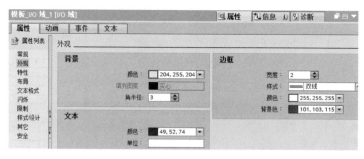

图 6-1-21 "模板_I/O 域_1"外观设置

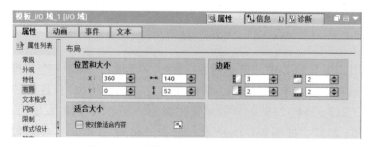

图 6-1-22 "模板_I/O 域_1"布局设置

步骤八：利用"工具箱"中"基本对象"的"按钮"，添加一个"模板_按钮_9"，选中"常规"，修改标签文本为"用户注销"；选中"外观"，边框颜色为白色"255，255，255"；选中"填充样式"，梯度背景色为灰色"192，192，192"，梯度1颜色为灰色"192，192，192"，梯度2颜色为灰色"192，192，192"，如图6-1-23；选中"布局"，设置位置和大小为"x=500，y=0，宽100，高52"，如图6-1-24。

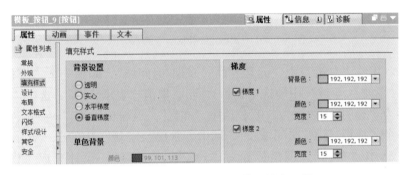

图 6-1-23　"模板_按钮_9"填充样式设置

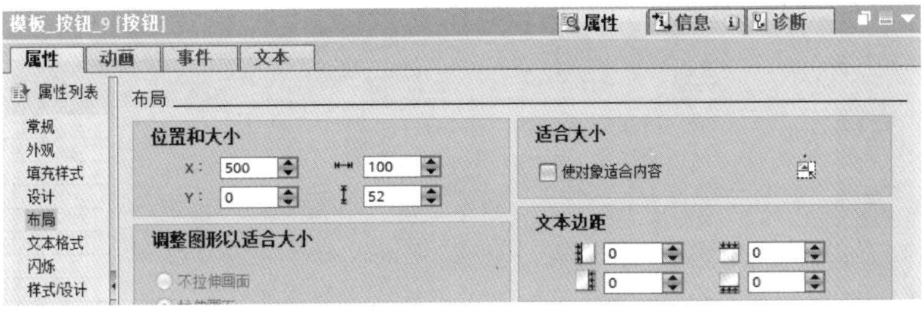

图 6-1-24　"模板_按钮_9"布局设置

步骤九：利用"工具箱"中"基本对象"的"文本域"，添加一个"模板_文本域_2"，打开其"属性"选项卡，选中"常规"，修改文本为"故障中"，样式字体为"宋体，19px，style=Bold"；选中"外观"，设定背景颜色为红色"255，0，0"，填充团为"实心"，如图6-1-25所示；选中"布局"，调整位置和大小为"x=600，y=0，宽100，高52"，取消勾选"使对象适合内容"，如图6-1-26所示；选中"文本格式"，对齐水平为"居中"；复制添加一个相同"模板_文本域_3"，修改文本为"无故障"，背景颜色为绿色"0，255，0"，位置和大小为"x=600，y=0，宽100，高52"。

图 6-1-25　"模板_文本域_2"外观设置

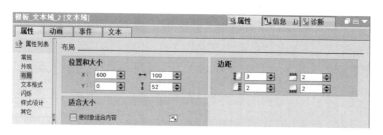

图 6-1-26 "模板_文本域_2" 布局设置

步骤十：利用"工具箱"中"元素"的"日期/时间域"，添加一个"模板_日期/时间域_1"，选中"常规"，"域"中勾选"显示时间"，取消"显示日期"；选中"外观"，设定背景填充图案为"透明"，边框为"0"；选中"布局"，调整位置为"x = 712，y = 5"。复制粘贴，添加一个"模板_日期/时间域_2"，选中"常规"，"域"中勾选"显示日期"，取消"显示时间"；选中"布局"，调整位置为"x = 702，y = 25"。设计完成"模板"画面如图 6-1-27 所示。

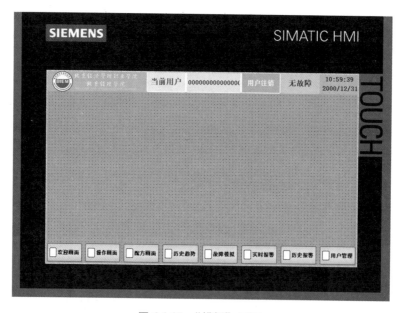

图 6-1-27 "模板"画面

六、添加"画面"

步骤一：在项目树下，展开"画面"，双击打开"根画面"，打开其"属性"选项卡，选中"常规"，修改样式名称为"欢迎画面"，编号为"1"，模板为"模板_1"，如图 6-1-28 所示；在项目树下，双击"添加新画面"，在项目树下生成一个"画面_1"，在其"属性"选项卡中，修改样式名称为"操作画面"，编号为"2"，模板为"模板_1"；同样的方法，再生成 6 个画面，样式名称分别"配方画面""历史趋势""故障模拟""实时报警""历史报警"和"用户管理"，编号依次为"3""4""5""6""7""8"，模板均设定为"模板_1"。

图 6-1-28 "欢迎画面"常规设置

步骤二：在"欢迎画面"，删除画面多余构件，添加一个"文本域_1"，修改其文本为"欢迎画面"，大小为"27"，其画面如图 6-1-29 所示；利用复制粘贴，在其他的对应画面中添加"操作画面""配方画面""历史趋势""故障模拟""实时报警""历史报警"和"用户管理"文本。

图 6-1-29 添加"文本域_1"，修改文本为"欢迎画面"

七、仿真测试

步骤一：在项目树下，选中"PLC_1"，单击"启动仿真"，单击"确定"，再单击"确定"，接口/子网的连接选择"插槽 1×1 处方向"，单击"开始搜索"，单击"下载"，单击"装载"，单击"完成"，单击"RUN"。

步骤二：在项目树下，选中"HMI_1"，单击"启动仿真"。

步骤三：启动后，直接进入"欢迎画面"，单击画面下方的按钮，可对应进入相应的画面。例如，单击"用户管理"，进入"用户管理"画面，如图 6-1-30 所示。

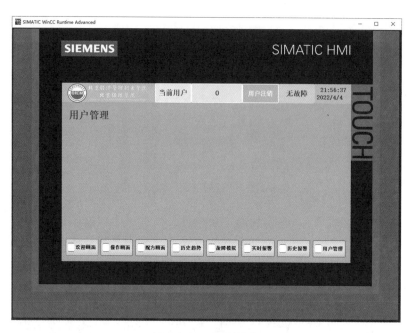

图 6-1-30　仿真测试

任务二　欢迎画面制作

任务描述

在任务一的基础上，设计"欢迎画面"，如图 6-2-1 所示。

图 6-2-1　任务要求

具体要求：

1. 画面中有一进度条，在 HMI 启动后，直接进入"欢迎画面"，进度条推进，直到进度条满，画面切换到"操作画面"（图 6-2-2）；

2. 单击"欢迎画面"按钮，重新进入"欢迎画面"，进度条再次计数推进。

图 6-2-2　任务要求——操作画面

 技能操作

一、变量添加

在项目树下，展开"PLC_1"→"程序块"，双击打开的"数据［DB1］"，添加变量"进度条"，数据类型为"Int"；变量"欢迎画面"，数据类型为"Bool"，如图 6-2-3 所示。

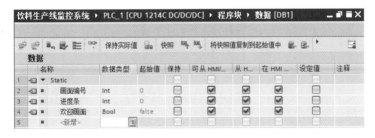

图 6-2-3　添加"进度条"和"欢迎画面"

二、"欢迎画面"界面设计

步骤一： 在项目树下，展开"HMI_1"→"画面"，双击打开"欢迎画面"，选中"文本域_1"，打开其"属性"选项卡，选中"常规"，修改文本为"欢迎进入"，样式字体为"宋体，64px，style = Bold"；复制制作一个"文本域_2"，打开其"属性"选项卡，选中"常规"，修改文本为"饮料生产线监控系统"，样式字体为"宋体，64px，style = Bold"；在画面中调整两个"文本域"的位置，如图 6-2-4 所示。

图 6-2-4　两个文本域"欢迎进入"和"饮料生产线监控系统"

　　步骤二：展开"工具箱"→"元素"，选中"棒图"，如图 6-2-5 所示，生成一个"棒图_1"，打开其属性选项卡，选中"常规"，过程变量关联为"数据_进度条"，如 6-2-6 所示；选中"外观"，取消勾选刻度，如图 6-2-7 所示；选中"边框类型"，设定边界宽度为"1"，如图 6-2-8 所示；选中"刻度"，取消"显示刻度"，如图 6-2-9 所示；选中"布局"，棒图方向为"居右"，大小为"800 * 20"，位置为"x = 0，y = 333"，如图 6-2-10 所示。

图 6-2-5　选中"棒图"

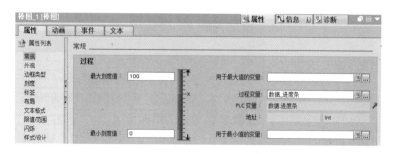

图 6-2-6　"棒图_1"常规设置

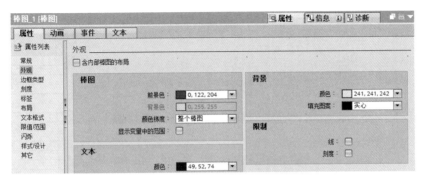

图 6-2-7 "棒图_1"外观设置

图 6-2-8 "棒图_1"边框类型设置

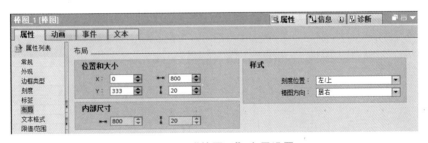

图 6-2-9 "棒图_1"刻度设置

图 6-2-10 "棒图_1"布局设置

步骤三: 选中"欢迎画面",打开其"事件"选项卡,选中"加载",添加函数为"编辑位"→"置位位",设定变量为"数据_欢迎画面",如图 6-2-11 所示;选中"清除",添加函数为"编辑位"→"复位位",变量为"数据_欢迎画面",如图 6-2-12 所示。

图 6-2-11 "欢迎画面"事件→加载设置

图 6-2-12 "欢迎画面"→"清除"事件设置

三、"时钟存储器"设置

在项目树下，选中"PLC_1"，单击右键→"属性"，在弹出的窗口中，选中"系统和时钟存储器"，勾选"启用系统存储器字节"和"启用时钟存储器字节"，单击"确定"，如图 6-2-13 所示。

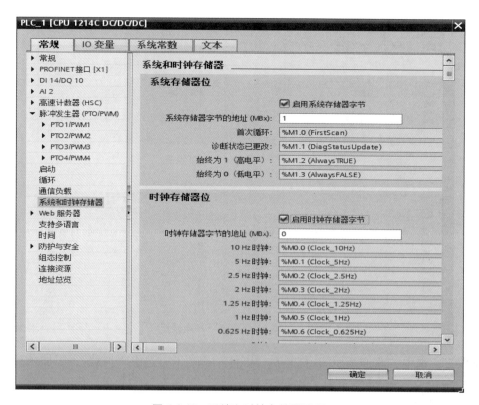

图 6-2-13 系统和时钟存储器设置

四、"采样周期"修改

在项目树下，展开"HMI变量"，双击打开"默认变量表"，修改"数据_进度条"的采样周期为"100ms"，如图6-2-14所示。

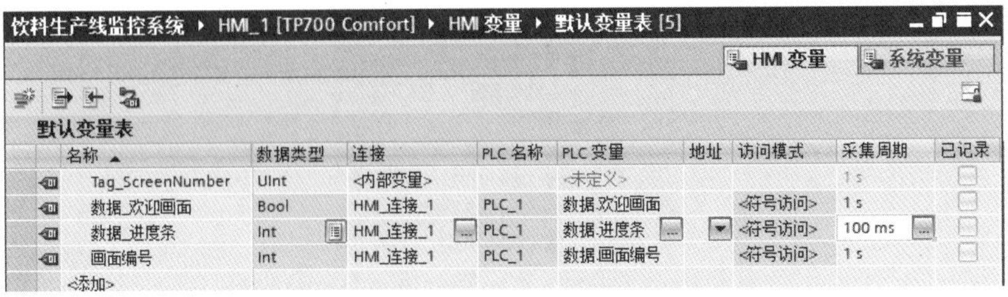

图 6-2-14 "采样周期"修改

五、PLC 程序设计

步骤一： 在项目树下，双击"添加新块"，弹出"添加新块"窗口，选中"FB函数块"，修改名称为"欢迎进度"，如图6-2-15所示，单击"确定"，在项目树下生成一个"欢迎进度［FB1］"，如图6-2-16所示。

图 6-2-15 添加"欢迎进度"FB 函数块

步骤二： 在打开的"欢迎进度［FB1］"中，下拉"块接口"，在"Static"变量中添加3个"Bool"变量，其名称分别为"push0""push1"和"push2"，如图6-2-17所示。

图 6-2-16 生成一个"欢迎进度［FB1］"

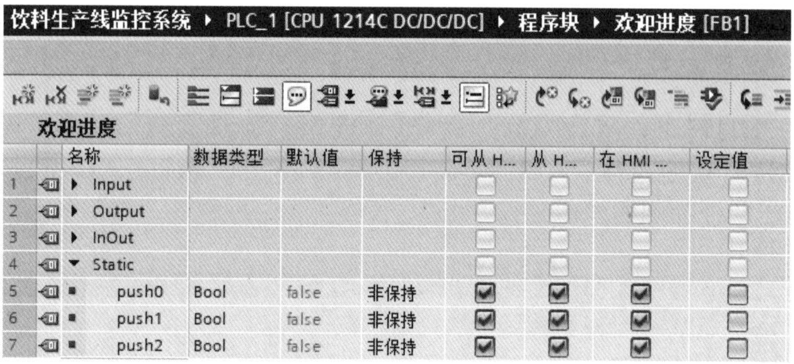

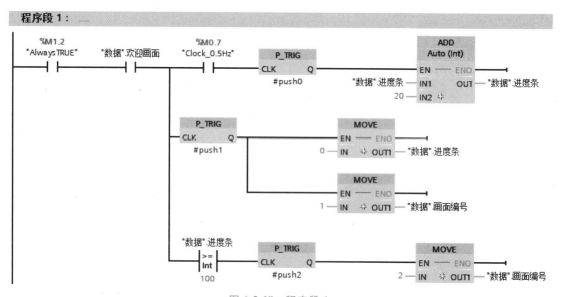

图 6-2-17 添加"push0""push1"和"push2"3 个变量

步骤三： 在"欢迎进度［FB1］"的"程序段 1"中编写程序如图 6-2-18 所示。

图 6-2-18 程序段 1

步骤四：在项目树中，双击打开"Main［OB1］"，选中项目树下的"欢迎进度［FB1］"，长按鼠标左键，并拖拽到"Main［OB1］"的"程序段 1"中，弹出"调用选项"，如图 6-2-19 所示，单击"确定"，在"Main［OB1］"的"程序段 1"生成一个调用 FB1 的程序，如图 6-2-20 所示。

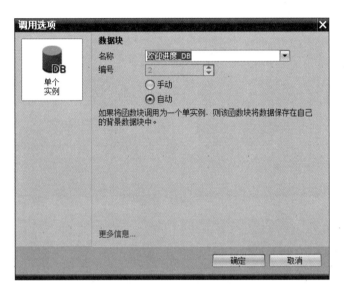

图 6-2-19　"调用选项"窗口

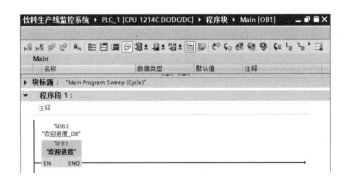

图 6-2-20　主程序调用"欢迎进度［FB1］"

六、仿真测试

步骤一：在项目树下，选中"PLC_1"，单击"启动仿真"，单击"确定"，接口/子网的连接选择"插槽 1×1 处方向"，单击"开始搜索"，单击"下载"，单击"装载"，单击"完成"，单击"RUN"。

步骤二：在项目树下，选中"HMI_1"，单击"启动仿真"。

步骤三：启动后，直接进入"欢迎画面"，进度条推进，如图 6-2-21 所示，直到进度条满，画面切换到"操作画面"，如图 6-2-22 所示。

步骤四：单击"欢迎画面"按钮，重新进入"欢迎画面"，进度条再次计数推进。

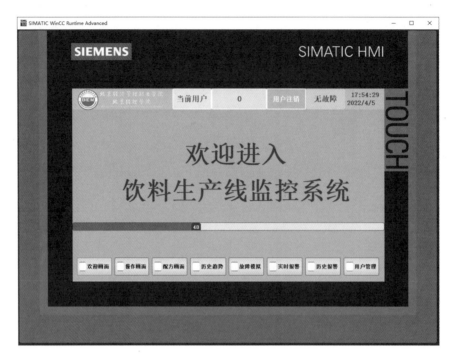

图 6-2-21　进入"欢迎画面"

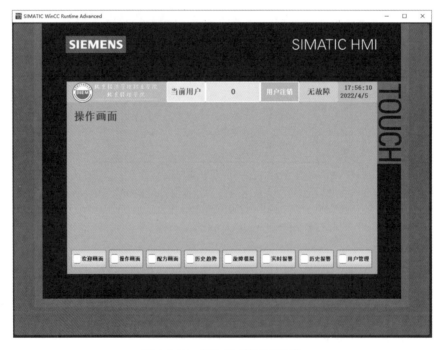

图 6-2-22　切换到"操作画面"

任务三 原料罐、生产罐画面制作

任务描述

在任务二的基础上，设计"操作画面"，如图 6-3-1 所示。

具体要求：

HMI 启动进入操作画面后，其"操作画面"可看到"水""混合物""添加剂""糖"的原料罐都装满了液体，其对应的"I/O 域"的数字为"1000"。

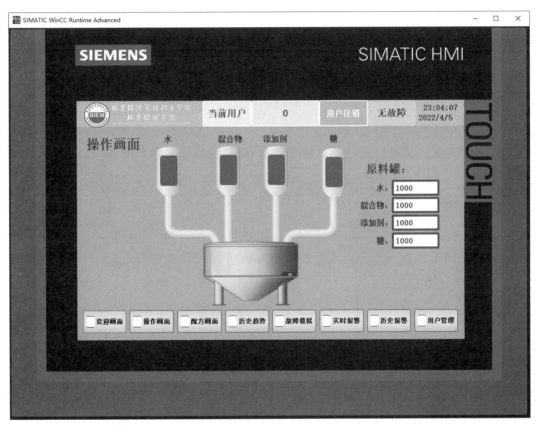

图 6-3-1 任务要求

技能操作

一、变量添加

在项目树下，展开"PLC_1"→"程序块"，双击打开的"数据〔DB1〕"，添加变量"生产罐"，数据类型为"Int"；变量"原料罐"，数据类型为"Struct"，其下有"水""混合物""添加剂""糖" 4 个"Int"变量，并修改其"起始值"为"1000"，如图 6-3-2 所示。

		名称	数据类型	起始值	保持	可从 HMI/...	从 H...	在 HMI...	设定值
1	▼	Static							
2	■	画面编号	Int	0	☐	☑	☑	☑	☐
3	■	进度条	Int	0	☐	☑	☑	☑	☐
4	■	欢迎画面	Bool	false	☐	☑	☑	☑	☐
5	■	生产罐	Int	0	☐	☑	☑	☑	☐
6	▼	原料罐	Struct		☐	☑	☑	☑	☐
7	■	水	Int	1000	☐	☑	☑	☑	☐
8	■	混合物	Int	1000	☐	☑	☑	☑	☐
9	■	添加剂	Int	1000	☐	☑	☑	☑	☐
10	■	糖	Int	1000	☐	☑	☑	☑	☐

图 6-3-2　添加变量

二、画面制作

步骤一：展开"HMI_1"→"画面"，双击打开"操作画面"。在工具箱中，展开"图形"→"WinCC 图形文件夹"→"Equipment"→"Automation［EMF］"→"Tanks"，如图 6-3-3 所示，在下方打开的"原料罐"文件夹中任意挑选一个"原料罐"，如图 6-3-4 所示；双击该"原料罐"，打开其"属性"选项卡，选中"布局"，调整位置和大小为"x = 160，y = 90，宽 60，高 105"，如图 6-3-5 所示。

图 6-3-3　选"Tanks"

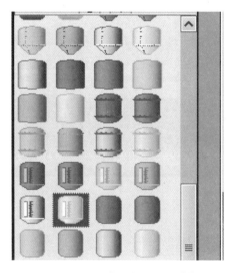

图 6-3-4　挑选一个"原料罐"

步骤二：展开"Pipes"，如图 6-3-6 所示；双击选中"竖直管"，在画面中添加一个"竖直管"，打开其"属性"选项卡，修改大小为"39 * 60"；选中"左下弯管"、修改大小

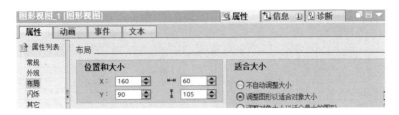

图 6-3-5 "原料罐"布局设置

为"39 * 40";选中"横直管"、修改大小为"60 * 39";选中"右上弯管"、修改大小为"39 * 40";选中"竖直管"、修改大小为"39 * 60";调整各管道的位置,完成第一根管道的绘制,如图 6-3-7 所示。

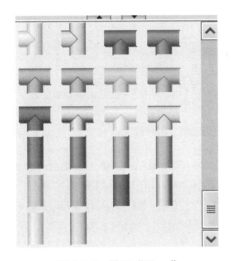

图 6-3-6 展开"Pipes"

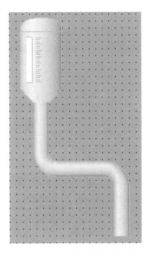

图 6-3-7 "管道"图形

步骤三:展开"工具箱"→"元素",选中"棒图",在画面中添加一个"棒图"。打开其"属性"选项卡,选中"常规",设定过程最大刻度值为"1000",添加过程变量为"数据_原料罐_水",如图 6-3-8 所示;选中"外观",背景填充图案为"透明",取消勾选限制"刻度",如图 6-3-9 所示;选中"边框类型",设定边框宽度为"1";选中"刻度",取消勾选"显示刻度";选中"标签",取消过程值的"显示标记";选中"布局",设定位置和大小为"x = 173,y = 110,宽 35,高 60",如图 6-3-10 所示。

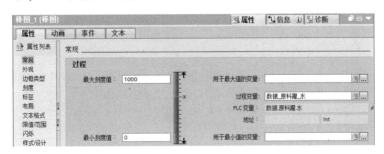

图 6-3-8 "原料罐_水"常规设置

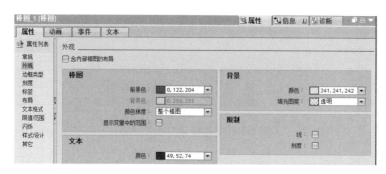

图 6-3-9 "原料罐_水"外观设置

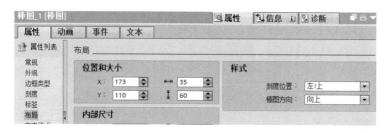

图 6-3-10 "原料罐_水"布局设置

　　步骤四：选中"图形视图_1""图形视图_2""棒图_1"，单击鼠标右键→组合→组合，生成一个"Group"。通过复制粘贴，再生成一个"Group_1"，打开其"属性"选项卡，展开"图形视图_8"，选中"布局"，修改高度为"120"，如图 6-3-11 所示；展开"棒图_2"，选中"常规"，修改过程变量为"数据_原料罐_混合物"，如图 6-3-12 所示。

图 6-3-11 "Group_1"中的"图形视图 8"的布局设置

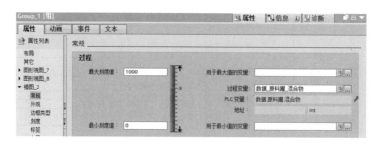

图 6-3-12 "Group_1"中"棒图_2"的常规设置

步骤五：通过复制粘贴，再生成一个"Group_2"，打开其"属性"选项卡，展开"棒图_3"，选中"常规"，修改过程变量为"数据_原料罐_添加剂"，如图6-3-13所示。

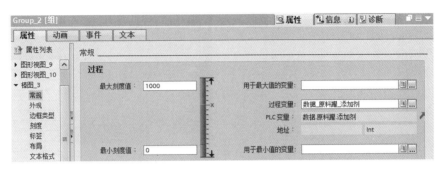

图6-3-13 "棒图_3"常规设置

步骤六：通过复制粘贴，再生成一个"Group_3"，打开其"属性"选项卡，展开"棒图_4"，选中"常规"，修改过程变量为"数据_原料罐_糖"；展开"Pipes"，选中"右下弯管"、修改大小为"39 * 40"；选中"横直管"、修改大小为"60 * 39"；选中"左上弯管"、修改大小为"39 * 40"；选中"竖直管"、修改大小为"39 * 60"；调整各管道的位置，完成最后一根管道的绘制；"操作画面"中的原料罐和管道绘制如图6-3-14所示。

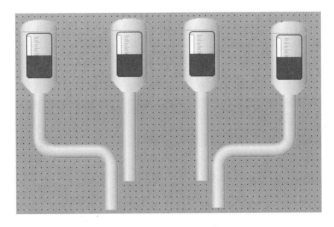

图6-3-14 "原料罐"和"管道"

步骤七：展开"图形"→"WinCC图形文件夹"→"Equipment"→"Automation［SVG］"→"Tanks"，选中一个"生产罐"，大小为"200 * 130"，位置为"x = 258，y = 281"，为画面添加一个"生产罐"，如图6-3-15所示。

步骤八：展开"元素"，选中"棒图"，为画面添加一个"棒图_5"，打开其"属性"选项卡，选中"常规"，设定最大刻度值为"200"，添加过程变量为"数据_生产罐"；选中"外观"，设定背景填充图案为"透明"，取消"刻度"；选中"边框类型"，设定边界宽度为"1"；选中"刻度"，取消勾选"显示刻度"；选中"布局"，设置位置和大小为"x = 262，y = 292，宽190，高60"；完成后，如图6-3-16所示。

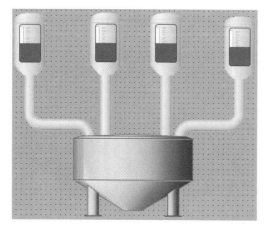

图 6-3-15　"生产罐"

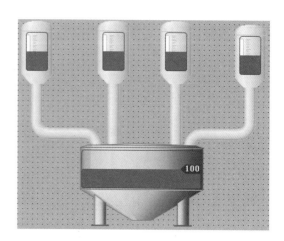

图 6-3-16　"生产罐"设置

步骤九：添加 8 个"文本域"，分别打开其"属性"选项卡，选中"常规"，修改文本为"水""水:""混合物""混合物:""添加剂""添加剂:""糖""糖:"进行标识，并通过鼠标拖拽，完成位置调整；再添加一个"文本域_10"，打开其"属性"选项卡，选中"常规"，修改文本为"原料罐:"，样式字体修改为"宋体，23px，style = Bold"。

步骤十：添加 1 个"I/O 域"，分别打开其"属性"选项卡，选中"常规"，添加过程变量为"数据_原料罐_水"，模式为"输出"，显示格式为"十进制"，格式样式为"9999"；再通过复制粘贴，增加 3 个"I/O 域"，对齐，分别添加过程变量为"数据_原料罐_混合物""数据_原料罐_添加剂""数据_原料罐_糖"。完成后的画面如图 6-3-17 所示。

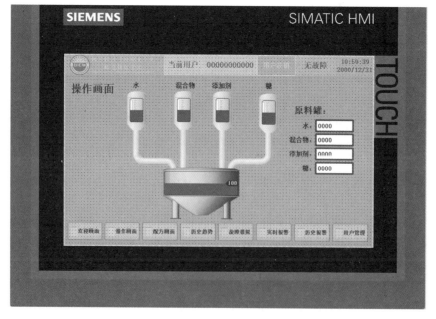

图 6-3-17　操作画面

三、仿真测试

步骤一：在项目树下，选中"PLC_1"，单击"启动仿真"，单击"确定"，接口/子网的连接选择"插槽1×1处方向"，单击"开始搜索"，单击"下载"，单击"装载"，单击"完成"，单击"RUN"。

步骤二：在项目树下，选中"HMI_1"，单击"启动仿真"。

步骤三：启动后，直接进入"欢迎画面"，进度条推进，画面切换到"操作画面"。

步骤四：在"操作画面"，可看到"水""混合物""添加剂""糖"的原料罐都装满了液体，其对应的"I/O域"的数字为"1000"，如图6-3-18所示。

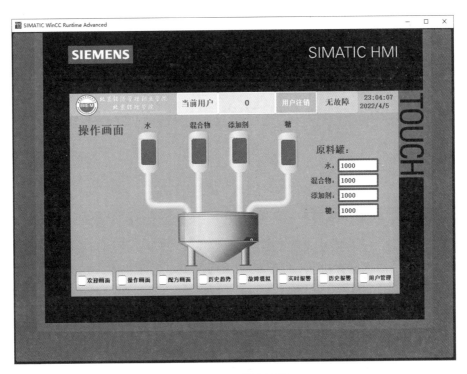

图 6-3-18 仿真测试

任务四 搅拌机动画制作

 **任务描述**

如图6-4-1所示，在任务三的基础上，为HMI增加一个"搅拌机"图片I/O域，并能实现"搅拌机"搅拌动画。

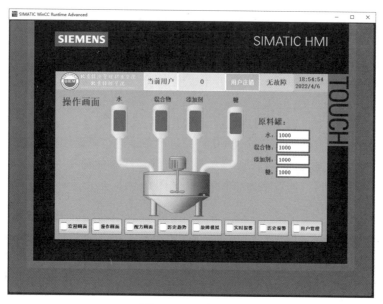

图 6-4-1　任务要求

一、变量设置及程序设计

步骤一： 在项目树下，展开"PLC_1"→"程序块"，双击"添加新块"，选中"FB 函数块"，修改名称为"动态搅拌机"，如图 6-4-2 所示，单击"确定"，在项目树下生成一个"动态搅拌机［FB2］"，如图 6-4-3 所示。

图 6-4-2　添加"动态搅拌机" FB 函数块

图 6-4-3　项目树下生成一个"动态搅拌机［FB2］"

步骤二：双击打开的"动态搅拌机［FB2］"，下拉"块接口"，在"Input"中添加 1 个"Bool"变量，名称为"Start"。

步骤三：在"Static"中添加 1 个"Int"变量，名称为"搅拌机"；1 个"IEC_TIMER"变量，名称为"TIMER_0"，如图 6-4-4 所示。

		名称	数据类型	默认值	保持	可从 HMI/...	从 H...	在 HMI ...	设定值	注释
1		▼ Input								
2		■ Start	Bool	false	非保持	☑	☑	☑		
3		▼ Output								
4		▼ InOut								
5		▼ Static								
6		■ 搅拌机	Int	0	非保持	☑	☑	☑	☐	
7		■ ▶ TIME_0	IEC_TIMER		非保持	☑	☑	☑	☑	
8		▶ Temp								
9		▶ Constant								

图 6-4-4　添加变量

步骤四：在"动态搅拌机［FB2］"的"程序段"中编写程序。程序段 1，利用定时器 TON，每隔 100ms，变量"搅拌机"进行加 1 计算；程序段 2，表示搅拌机不工作的时候所处的状态；程序段 3，表示"搅拌机"变量数值达到了 5，则数值恢复为"1"。程序段 1~3 如图 6-4-5 所示。它是利用"视觉停留"实现"搅拌机"动起来。

步骤五：在项目树下，展开"PLC 变量"，双击打开"默认变量表"，添加一个变量名称为"搅拌机动画"，数据类型为"Bool"，地址为"M20.1"，如图 6-4-6 所示。

步骤六：在项目树中，双击打开"Main［OB1］"，选中项目树下的"动态搅拌机［FB2］"，长按鼠标，将"动态搅拌机［FB2］"拖拽到"Main［OB1］"的"程序段 2"中，弹出"调用选项"，如图 6-4-7 所示，单击"确定"，在"Main［OB1］"的"程序段 2"中，生成一个"动态搅拌机［FB2］"的调用模块，并给该模块的 Start 引脚添加"搅拌机动画"变量，如图 6-4-8 所示。

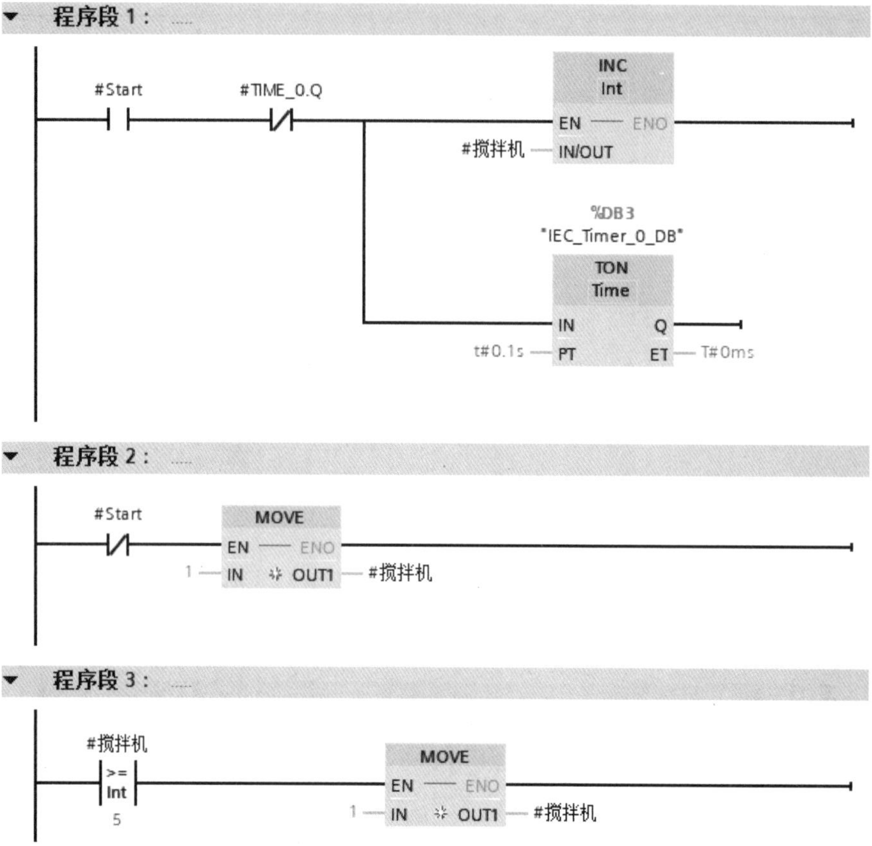

图 6-4-5　程序段 1～3

	名称	数据类型	地址	保持	可从 ...	从 H...	在 H...	注释
1	Clock_Byte	Byte	%MB0	☐	☑	☑	☑	
2	Clock_10Hz	Bool	%M0.0	☐	☑	☑	☑	
3	Clock_5Hz	Bool	%M0.1	☐	☑	☑	☑	
4	Clock_2.5Hz	Bool	%M0.2	☐	☑	☑	☑	
5	Clock_2Hz	Bool	%M0.3	☐	☑	☑	☑	
6	Clock_1.25Hz	Bool	%M0.4	☐	☑	☑	☑	
7	Clock_1Hz	Bool	%M0.5	☐	☑	☑	☑	
8	Clock_0.625Hz	Bool	%M0.6	☐	☑	☑	☑	
9	Clock_0.5Hz	Bool	%M0.7	☐	☑	☑	☑	
10	System_Byte	Byte	%MB1	☐	☑	☑	☑	
11	FirstScan	Bool	%M1.0	☐	☑	☑	☑	
12	DiagStatusUpdate	Bool	%M1.1	☐	☑	☑	☑	
13	AlwaysTRUE	Bool	%M1.2	☐	☑	☑	☑	
14	AlwaysFALSE	Bool	%M1.3	☐	☑	☑	☑	
15	搅拌机动画	Bool	%M20.1	☐	☑	☑	☑	

图 6-4-6　添加“搅拌机动画”

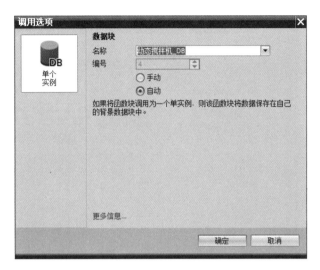

图 6-4-7　调用选项

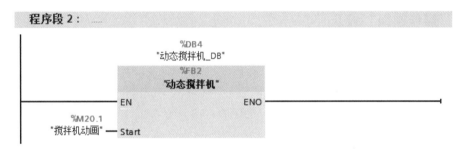

图 6-4-8　主程序调用"动态搅拌机［FB2］"

二、图形列表设置

步骤一：在项目树下，展开"HMI_1"，双击打开"文本和图形列表"，再打开"图形列表"选项卡，在"图形列表"中添加一个"旋转的搅拌机"，如图 6-4-9 所示。

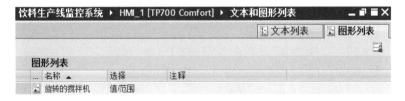

图 6-4-9　添加"旋转的搅拌机"

步骤二：在工具箱中，展开"图形"→"WinCC 图形文件夹"→"Equipment"→"Automation［EMF］"→"Mixer"，如图 6-4-10 所示，选中 4 个有细微变化的"搅拌机"，分别拖拽到"旋转的搅拌机"→"图形列表条目"→"图形"中，其值对应设定为"1""2""3""4"，如图 6-4-11 所示。

图 6-4-10 找到"Mixer"

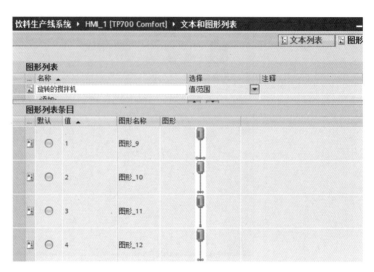

图 6-4-11 "图形列表条目"设置

三、"操作画面"修正

步骤一： 在项目树下，展开"画面"，双击打开"操作画面"，添加一个"图形 I/O 域_1"，打开其属性选项卡，选中"常规"，设定过程变量为"动态搅拌机_DB_搅拌机"，模式为"输出"，内容图形列表为"旋转的搅拌机"，如图 6-4-12 所示；选中"外观"，设定背景填充图案为"透明"，边界样式为"实心"，如图 6-4-13 所示。

图 6-4-12 "图形 I/O 域_1"常规设置

图 6-4-13 "图形 I/O 域_1"外观设置

步骤二： 调整"搅拌机"的位置，"操作画面"如图 6-4-14 所示。

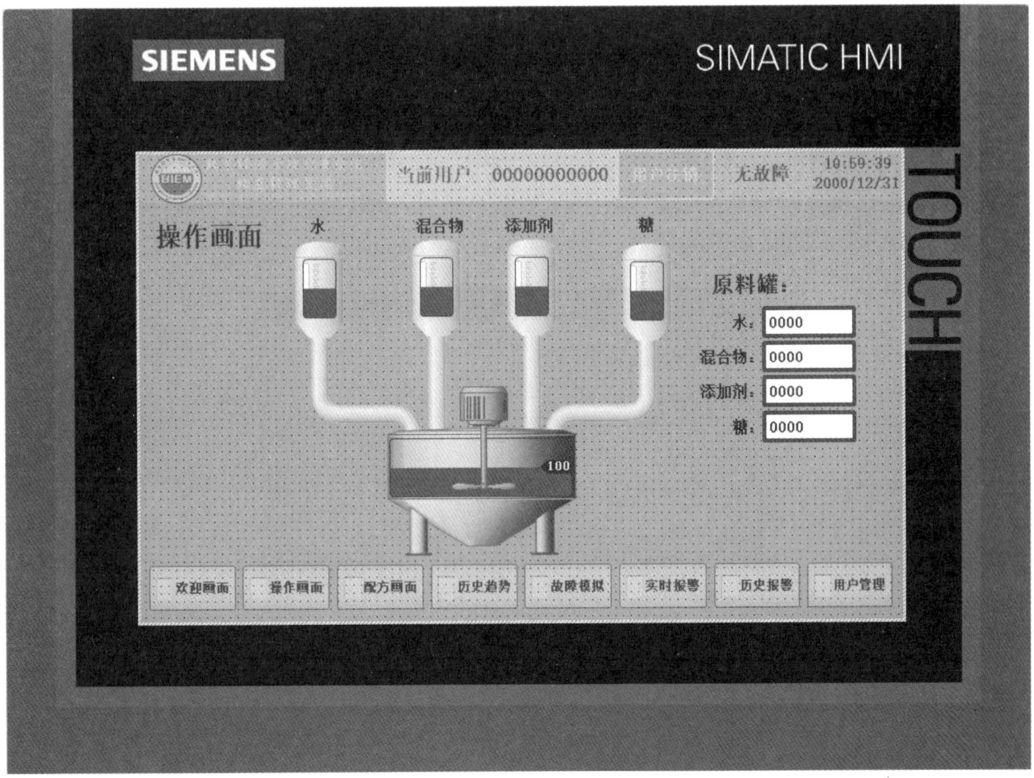

图 6-4-14 操作画面

四、"采样周期"修改

在项目树下，展开"HMI 变量"，双击打开"默认变量表"，修改"动态搅拌机_DB_搅拌机"的采样周期为"100ms"，如图 6-4-15 所示。

图 6-4-15 "采样周期"的修改

五、仿真测试

步骤一： 在项目树下，选中"PLC_1"，单击"启动仿真"，单击"确定"，单击"开始搜索"，单击"下载"，单击"装载"，单击"完成"，单击"RUN"。

步骤二： 在项目树下，选中"HMI_1"，单击"启动仿真"。

步骤三： 在项目树下，双击打开"Main［OB1］"，在其工具栏中，单击"启用监视"，双击"程序段 2"的"M20.1"，弹出"切换值"窗口，如图 6-4-16 所示，单击"是"，信号切换到"TRUE"，如图 6-4-17 所示。

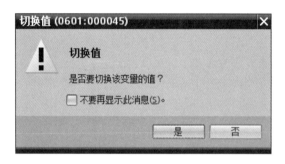

图 6-4-16 "切换值"窗口

图 6-4-17 信号切换到"TRUE"

步骤四： 可看到触屏画面，"搅拌机"开始进行旋转搅拌。

任务五 液体动画制作

**任务描述**

如图 6-5-1 所示，在任务四的基础上，使用工具箱中的"线"，为 HMI 设计液体水滴，并分别实现各原料罐的管道液体的流动。

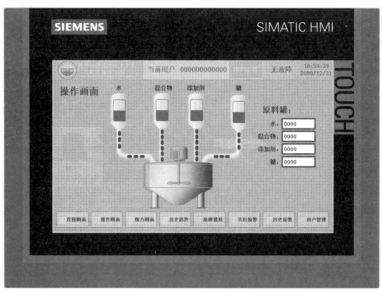

图 6-5-1　任务要求

子任务一："水流动"动画制作

技能操作

一、变量设置及程序设计

步骤一：在项目树下，展开"PLC_1"→"程序块"，双击"添加新块"，选中"FB 函数块"，修改名称为"动态水"，如图 6-5-2 所示，单击"确定"，在项目树下，生成一个"动态水［FB3］"，如图 6-5-3 所示。

图 6-5-2　添加"动态水"FB 函数块

图 6-5-3 生成一个"动态水 [FB3]"

步骤二：在项目树下，双击打开的"动态水 [FB3]"，中，下拉"块接口"，在"Input"中添加 1 个"Bool"变量，名称为"Start"。

步骤三：在"Static"中添加 1 个"Int"变量，名称为"动态水"；1 个"IEC_TIMER"变量，名称为"TIMER_0"，如图 6-5-4 所示。

饮料生产线监控系统 ▶ PLC_1 [CPU 1214C DC/DC/DC] ▶ 程序块 ▶ 动态水 [FB3] _ ◻ ▪ ✕

动态水

		名称	数据类型	默认值	保持	可从 ...	从 HM..	在 HM..	设定值	注释
1		▼ Input			▼					
2	▪	Start	Bool	false	非保持	☑	☑	☑	☐	
3		▶ Output								
4		▶ InOut								
5		▼ Static								
6	▪	动态水	Int	0	非保持	☑	☑	☑	☐	
7	▪	▶ TIMER_0	IEC_TIMER		非保持	☑	☑	☑	☐	
8		▶ Temp								
9		▶ Constant								

图 6-5-4 变量设置

步骤四：在"动态水 [FB3]"的"程序段"中编写程序，实现"动态水"变量数值从 1~3，按顺序循环切换，程序如图 6-5-5 所示。

步骤五：在项目树下，展开"PLC 变量"，双击打开"默认变量表"，添加一个变量名称为"水动画"，数据类型为"Bool"，地址为"M20.2"。

步骤六：在项目树中，双击打开"Main [OB1]"，选中项目树下的"动态水 [FB3]"，长按鼠标，将"动态水 [FB3]"拖拽到"Main [OB1]"的"程序段 3"中，弹出"调用选项"，单击"确定"，在"Main [OB1]"的"程序段 3"中，生成一个"动态水 [FB3]"

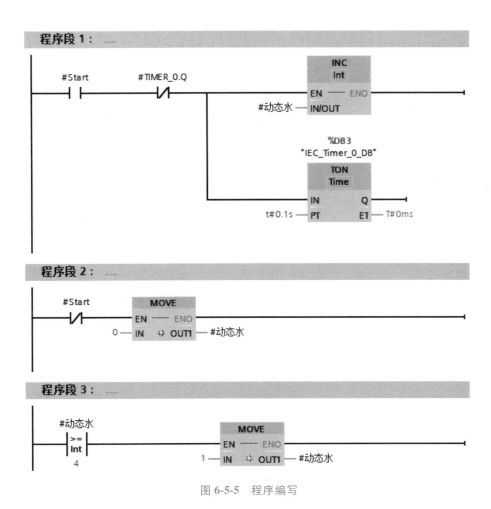

图 6-5-5　程序编写

的调用模块，并给该模块的 Start 引脚添加"水动画"变量，如图 6-5-6 所示。

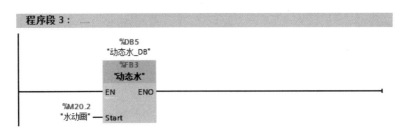

图 6-5-6　主程序调用"动态水［FB3］"

二、画面制作

步骤一： 在项目树下，展开"HMI_1"→"画面"，双击打开"操作画面"，利用"工具箱"中"线"，绘制一段短线"线_1"；打开其"属性"选项卡，选中"外观"，宽度为"8"，颜色为蓝色"0，0，255"，如图 6-5-7 所示；选中"布局"，设置大小为"宽 0，高 6"，并通过拖拽鼠标调整其位置；打开其"动画"选项卡，展开"显示"，双击"添加新动画"，在弹出的窗口中选中"可见性"，单击确定，在总览中生成"可见性"；选中"可见性"，设置其过程变量为"动态水_DB_动态水"，调整范围从"1"到"1"，勾选"可见"，完成一滴液体的制作，如图 6-5-8 所示。

图 6-5-7 "线_1"外观设置

图 6-5-8 "线_1"的动画设置

步骤二：复制两个制作好的"液体"，分别打开其"动画"选项卡，修改一个范围从"2"到"2"可见，如图 6-5-9 所示；一个范围为从"3"到"3"可见，完成纵向流动液体制作。

步骤三：同样的方法，制作横向流动液体，完成后的"水"原料罐管道及管道内的液体形状如图 6-5-10 所示。

图 6-5-9 "线_2"的动画设置

图 6-5-10 "水"原料罐、
管道和液体

三、"采样周期"修改

在项目树下，展开"HMI 变量"，双击打开"默认变量表"，修改"动态水_DB_动态水"的采样周期为"100ms"，如图 6-5-11 所示。

名称 ▲	数据类型	连接	PLC 名称	PLC 变量	地址	访问模式	采集周期	
Tag_ScreenNumber	UInt	<内部变量>		<未定义>		<符号访问>	1 s	
动态搅拌机_DB_搅拌机	Int	HMI_连接_1	PLC_1	动态搅拌机_DB_搅拌机		<符号访问>	100 ms	
数据_原料罐_水	Int	HMI_连接_1	PLC_1	数据_原料罐_水		<符号访问>	1 s	
数据_原料罐_混合物	Int	HMI_连接_1	PLC_1	数据_原料罐_混合物		<符号访问>	1 s	
数据_原料罐_添加剂	Int	HMI_连接_1	PLC_1	数据_原料罐_添加剂		<符号访问>	1 s	
数据_原料罐_糖	Int	HMI_连接_1	PLC_1	数据_原料罐_糖		<符号访问>	1 s	
数据_欢迎画面	Bool	HMI_连接_1	PLC_1	数据_欢迎画面		<符号访问>	1 s	
数据_生产罐	Int	HMI_连接_1	PLC_1	数据_生产罐		<符号访问>	1 s	
数据_进度条	Int	HMI_连接_1	PLC_1	数据_进度条		<符号访问>	100 ms	
画面编号	Int	HMI_连接_1	PLC_1	数据_画面编号		<符号访问>	1 s	
动态水_DB_动态水	Int	HMI_连...	PLC_1	动态水_DB_动态水		<符号访问>	100 ms	

图 6-5-11 修改采样周期

四、仿真测试

步骤一： 在项目树下，选中"PLC_1"，单击"启动仿真"，单击"确定"，单击"开始搜索"，单击"下载"，单击"装载"，单击"完成"，单击"RUN"。

步骤二： 在项目树下，选中"HMI_1"，单击"启动仿真"。

步骤三： 在项目树下，双击打开"Main［OB1］"，在其工具栏中，单击"启用监视"，双击"程序段 3"的"M20.2"，弹出"切换值"窗口，单击"是"，信号切换到"TRUE"。

步骤四： 可看到触屏画面，"水"开始进行流动。

子任务二："混合物"流动动画制作

一、变量设置及程序设计

步骤一： 在项目树下，展开"PLC_1"→"程序块"，双击"添加新块"，选中"FB 函数块"，修改名称为"动态混合物"，如图 6-5-12 所示，单击"确定"，在项目树下，生成一个"动态混合物［FB4］"。

步骤二： 在项目树下，双击打开的"动态混合物［FB4］"，下拉"块接口"，在"Input"中添加 1 个"Bool"变量，名称为"Start"。

步骤三： 在"Static"中添加 1 个"Int"变量，名称为"动态混合物"；1 个"IEC_TIMER"变量，名称为"TIMER_0"，如图 6-5-13 所示。

图 6-5-12　添加"动态混合物"FB 函数块

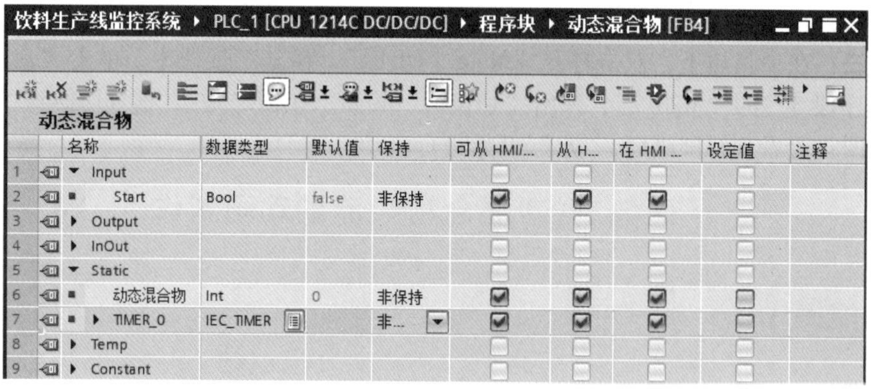

图 6-5-13　变量设置

　　步骤四：在"动态混合物［FB4］"的"程序段"中编写程序，实现"动态混合物"变量数值从 1~3，按顺序循环切换，程序如图 6-5-14 所示。

　　步骤五：在项目树下，展开"PLC 变量"，双击打开"默认变量表"，添加一个变量名称为"混合物动画"，数据类型为"Bool"，地址为"M20.3"。

　　步骤六：在项目树中，双击打开"Main［OB1］"，选中项目树下的"动态混合物［FB4］"，长按鼠标，将"动态混合物［FB4］"拖拽到"Main［OB1］"的"程序段 4"中，弹出"调用选项"，单击"确定"，在"Main［OB1］"的"程序段 4"中，生成一个"动态混合物

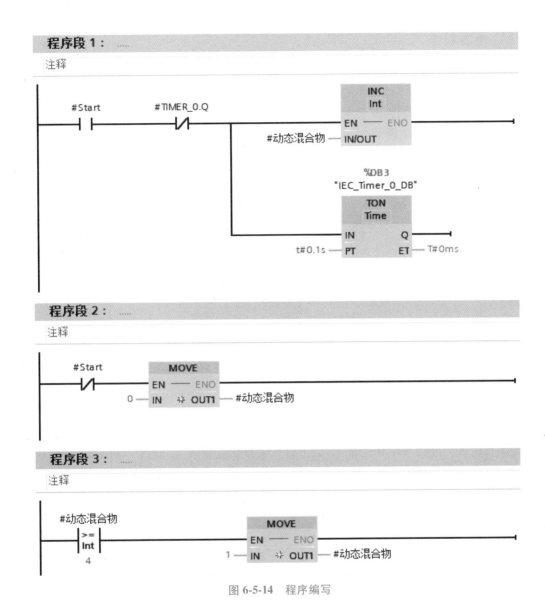

图 6-5-14　程序编写

[FB4]"的调用模块，并给该模块的 Start 引脚添加"混合物动画"变量，如图 6-5-15 所示。

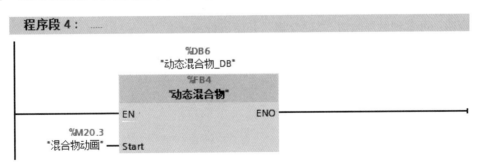

图 6-5-15　主程序调用"动态混合物［FB4］"

二、画面制作

在项目树下，展开"HMI_1"→"画面"，双击打开"操作画面"，复制粘贴纵向流动液体，分别打开各液体的"动画"选项卡，修改其"可见性"动画，其过程变量均设定为"动态混合物_DB_动态混合物"，如图6-5-16所示；完成后的"混合物"原料罐管道及管道内的液体形状如图6-5-17所示。

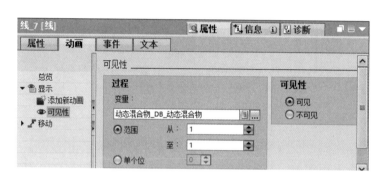

图 6-5-16 "线_7"动画设置

图 6-5-17 "混合物"原料罐、管道和液体

三、"采样周期"修改

在项目树下，展开"HMI变量"，双击打开"默认变量表"，修改"动态混合物_DB_动态混合物"的采样周期为"100ms"。

四、仿真测试

步骤一： 在项目树下，选中"PLC_1"，单击"启动仿真"，单击"确定"，单击"开始搜索"，单击"下载"，单击"装载"，单击"完成"，单击"RUN"。

步骤二： 在项目树下，选中"HMI_1"，单击"启动仿真"。

步骤三： 在项目树下，双击打开"Main［OB1］"，在其工具栏中，单击"启用监视"，双击"程序段4"的"M20.3"，弹出"切换值"窗口，单击"是"，信号切换到"TRUE"。

步骤四： 可看到触屏画面，"混合物"开始进行流动。

子任务三："添加剂"流动动画制作

技能操作

一、变量设置及程序设计

步骤一： 在项目树下，展开"PLC_1"→展开"程序块"，双击"添加新块"，选中

"FB 函数块",修改名称为"动态添加剂",如图 6-5-18 所示,单击"确定,在项目树下,生成一个"动态添加剂[FB5]"。

图 6-5-18 添加"动态添加剂"FB 函数块

步骤二:在项目树下,双击在打开的"动态添加剂[FB5]",下拉"块接口",在"Input"中添加 1 个"Bool"变量,名称为"Start"。

步骤三:在"Static"中添加一个"Int"变量,名称为"动态添加剂";1 个"IEC_TIMER"变量,名称为"TIMER_0",如图 6-5-19 所示。

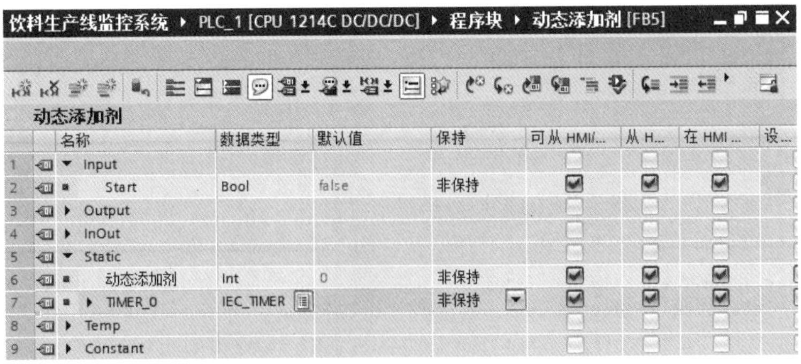

图 6-5-19 变量设置

步骤四:在"动态添加剂[FB5]"的"程序段"中编写程序,实现"动态添加剂"变量数值从 1 到 3,按顺序循环切换,程序如图 6-5-20 所示。

步骤五:在项目树下,展开"PLC 变量",双击打开"默认变量表",添加一个变量名称为"添加剂动画",数据类型为"Bool",地址为"M20.4"。

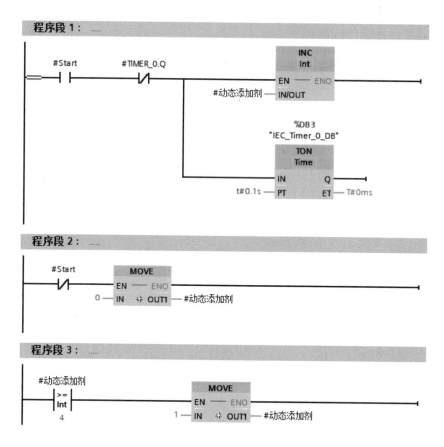

图 6-5-20　程序编写

步骤六：在项目树中，双击打开"Main［OB1］"，然后将项目树下的"动态添加剂［FB5］"拖拽到"Main［OB1］"的"程序段 5"中，弹出"调用选项"，单击"确定"，添加"M20.4"为开始，如图 6-5-21 所示。

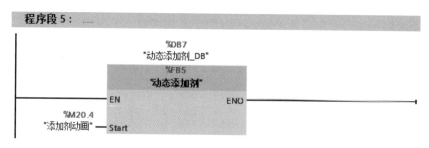

图 6-5-21　主程序调用"动态添加剂［FB5］"

二、画面制作

双击打开"操作画面"，复制粘贴纵向流动液体，分别打开各液体的"动画"选项卡，修改其"可见性"动画，其过程变量均设定为"动态添加剂_DB_动态添加剂"，如图 6-5-22 所示；完成后的"添加剂"原料罐管道及管道内的液体形状如图 6-5-23 所示。

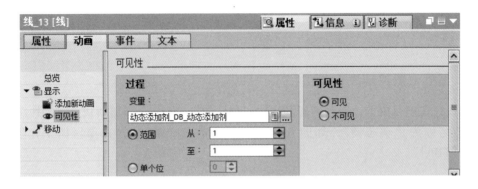

图 6-5-22　"线_13"动画设置

图 6-5-23　"添加剂"原料罐、管道和液体

三、"采样周期"修改

在项目树下，展开"HMI 变量"，双击打开"默认变量表"，修改"动态添加剂_DB_动态添加剂"的采样周期为"100ms"。

四、仿真测试

步骤一：在项目树下，选中"PLC_1"，单击"启动仿真"，单击"确定"，单击"开始搜索"，单击"下载"，单击"装载"，单击"完成"，单击"RUN"。

步骤二：在项目树下，选中"HMI_1"，单击"启动仿真"。

步骤三：在项目树下，双击打开"Main［OB1］"，在其工具栏中，单击"启用监视"，双击"程序段 5"的"M20.4"，弹出"切换值"窗口，单击"是"，信号切换到"TRUE"。

步骤四：可看到触屏画面，"添加剂"开始进行流动。

子任务四："糖"流动动画制作

技能操作

一、变量设置及程序设计

步骤一： 在项目树下，展开"PLC_1"→"程序块"，双击"添加新块"，选中"FB函数块"，修改名称为"动态糖"，如图6-5-24所示，单击"确定"，在项目树下，生成一个"动态糖［FB6］"。

图 6-5-24　添加"动态糖"FB函数块

步骤二： 在项目树下，双击打开的"动态糖［FB6］"，下拉"块接口"，在"Input"中添加1个"Bool"变量，名称为"Start"。

步骤三： 在"Static"中添加一个"Int"变量，名称为"动态糖"；1个"IEC_TIMER"变量，名称为"TIMER_0"，如图6-5-25所示。

步骤四： 在"动态糖［FB6］"的"程序段"中编写程序，实现"动态糖"变量数值从1~3，按顺序循环切换，程序如图6-5-26所示。

步骤五： 在项目树下，展开"PLC变量"，双击打开"默认变量表"，添加一个变量名称为"糖动画"，数据类型为"Bool"，地址为"M20.5"。

步骤六： 在项目树中，双击打开"Main［OB1］"，选中项目树下的"动态糖［FB6］"，长按鼠标，将"动态糖［FB6］"拖拽到"Main［OB1］"的"程序段6"中，弹出"调用

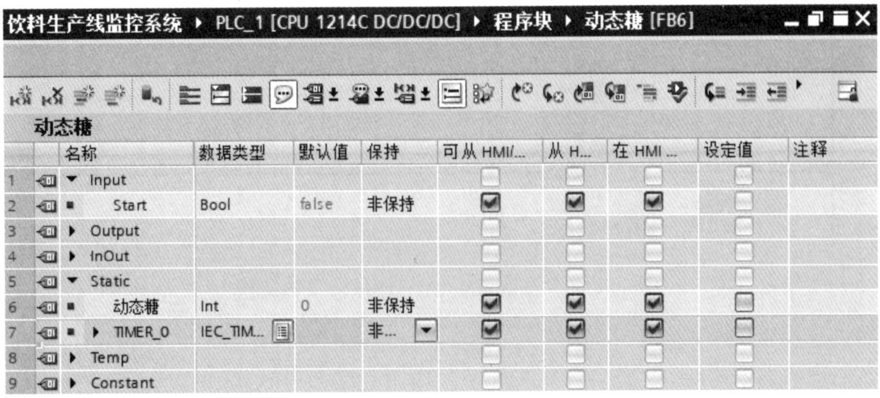

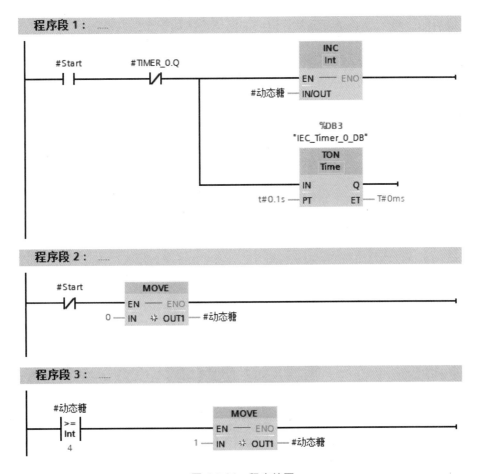

图 6-5-25　变量设置

图 6-5-26　程序编写

选项"，单击"确定"，在"Main［OB1］"的"程序段 6"中，生成一个"动态糖［FB6］"的调用模块，并给该模块的 Start 引脚添加"糖动画"变量，如图 6-5-27 所示。

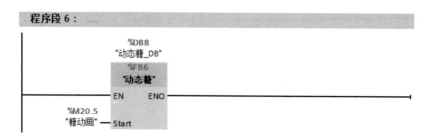

图 6-5-27　主程序调用"动态糖［FB6］"

二、画面制作

双击打开"操作画面"，复制粘贴纵向和横向流动液体，分别打开各液体的"动画"选项卡，修改其"可见性"动画，其过程变量均设定为"动态糖_DB_动态糖"，如图 6-5-28 所示；完成后的"糖"原料罐管道及管道内的液体形状如图 6-5-29 所示。

图 6-5-28　"线_19"动画设置

图 6-5-29　"糖原料罐、管道和液体"

三、"采样周期"修改

在项目树下，展开"HMI 变量"，双击打开"默认变量表"，修改"动态糖_DB_动态糖"的采样周期为"100ms"。

四、仿真测试

步骤一： 在项目树下，选中"PLC_1"，单击"启动仿真"，单击"确定"，单击"开始搜索"，单击"下载"，单击"装载"，单击"完成"，单击"RUN"。

步骤二： 在项目树下，选中"HMI_1"，单击"启动仿真"。

步骤三： 在项目树下，双击打开"Main［OB1］"，在其工具栏中，单击"启用监视"，双击"程序段 6"的"M20.5"，弹出"切换值"窗口，单击"是"，信号切换到"TRUE"。

步骤四： 可看到触屏画面，"糖"开始进行流动。

任务六　饮料生产线自动控制

 任务描述

如图 6-6-1 所示，在任务五的基础上，为 HMI 增加按钮和 I/O 域构件。

控制要求：

在"操作画面"中，单击"启动"，可看到该画面依次进行"水"添加、"混合物"添加、"添加剂"添加、"糖"添加、"搅拌机"进行搅拌、提示加工完成；单击"停止"，画面提示"系统停止"。

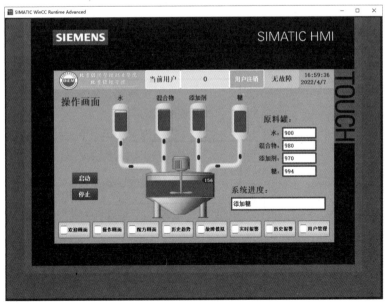

图 6-6-1　系统要求

一、变量分配（见表6-6-1）

表 6-6-1　变量分配

名称	数据类型	名称	数据类型
配方	Struct	液体计数	Struct
水	Int	水	Int
混合物	Int	混合物	Int
添加剂	Int	添加剂	Int
糖	Int	糖	Int
运行进度	Int	push	Array
程序步数	Int	push［0］	Bool
启动	Bool	push［1］	Bool
停止	Bool	push［2］	Bool
		push［3］	Bool

二、"自动"程序设计

1. 程序段1，系统启动，各参数初始化，其程序如图6-6-2所示。

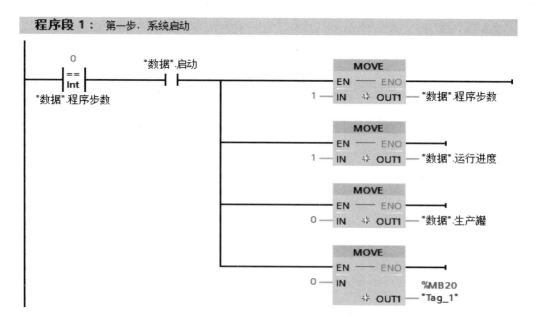

图 6-6-2　程序段1，系统启动

2. 程序段 2，系统开始加水，其程序如图 6-6-3 所示。

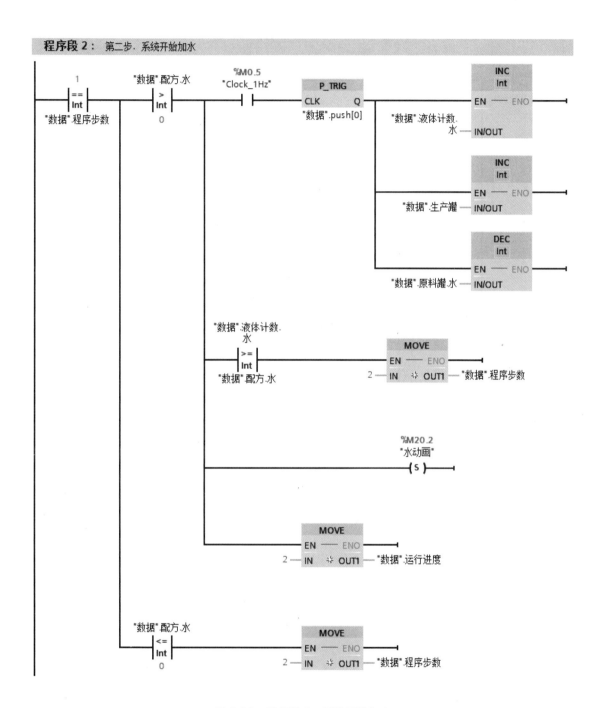

图 6-6-3 程序段 2，系统开始加水

3. 程序段 3，系统开始添加混合物，其程序如图 6-6-4 所示。

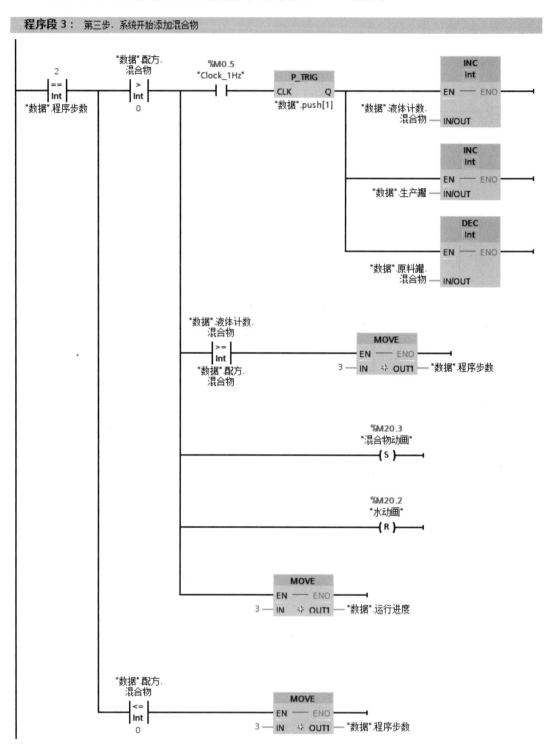

图 6-6-4　程序段 3，系统开始添加混合物

4. 程序段 4，系统开始添加添加剂，其程序如图 6-6-5 所示。

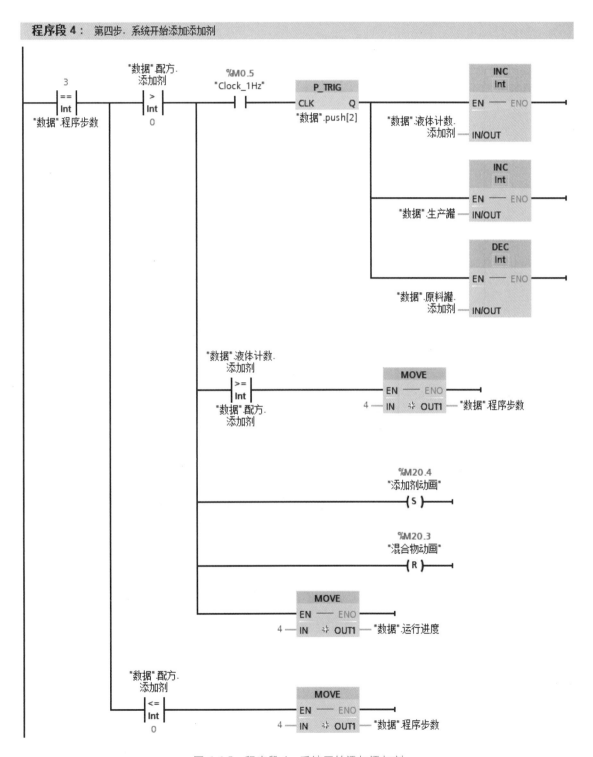

图 6-6-5　程序段 4，系统开始添加添加剂

5. 程序段 5，系统开始添加糖，其程序如图 6-6-6 所示。

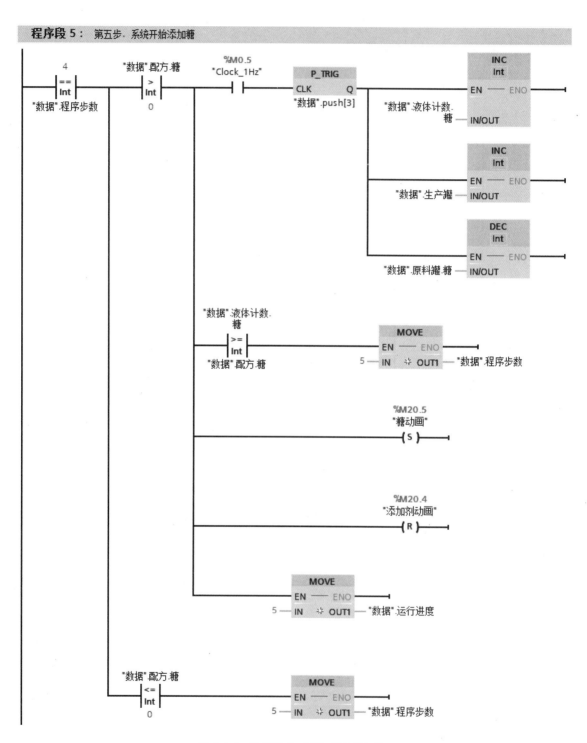

图 6-6-6　程序段 5，系统开始添加糖

6. 程序段 6，系统开始搅拌，其程序如图 6-6-7 所示。

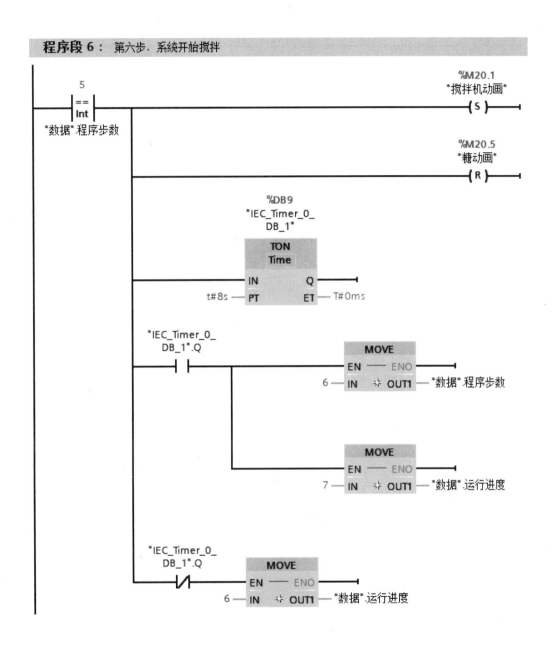

图 6-6-7　程序段 6，系统开始搅拌

7. 程序段 7，系统计数清零，其程序如图 6-6-8 所示。

8. 程序段 8，系统停止工作，其程序如图 6-6-9 所示。

程序段 7: 第七步. 系统计数清零

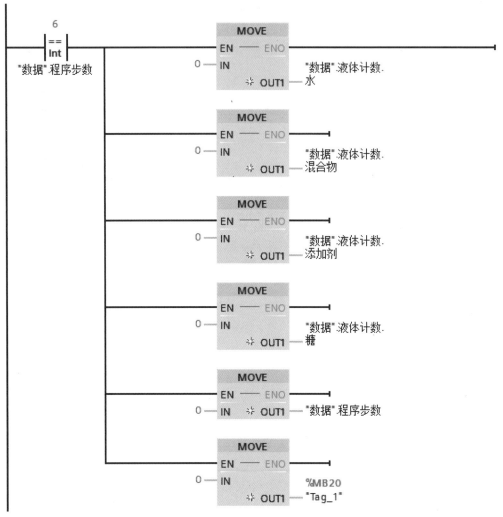

图 6-6-8　程序段 7，系统计数清零

程序段 8: 第八步. 系统停止工作

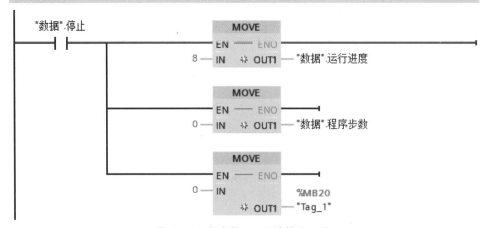

图 6-6-9　程序段 8，系统停止工作

技能操作

一、PLC 变量添加

在项目树下，展开"PLC_1"→"程序块"，双击打开的"数据［DB1］"，添加数据类型为"Struct"的变量"配方"和"液体计数"，其下分别有"水""混合物""添加剂""糖"四个"Int"变量；添加数据类型为"Int"的变量"运行进度""程序步数"；添加数据类型为"Bool"的变量"启动""停止"；数据类型为"Array［0..3］of Bool"变量"push"；设置"配方"的 4 个变量初始值为"100""20""30""30"，如图 6-6-10 所示。

11		▼ 配方	Struct		☐	☑
12	■	水	Int	100	☐	☑
13	■	混合物	Int	20	☐	☑
14	■	添加剂	Int	30	☐	☑
15	■	糖	Int	30	☐	☑
16	■	▼ 液体计数	Struct		☐	☑
17	■	水	Int	0	☐	☑
18	■	混合物	Int	0	☐	☑
19	■	添加剂	Int	0	☐	☑
20	■	糖	Int	0	☐	☑
21	■	运行进度	Int	0	☐	☑
22	■	程序步数	Int	0	☐	☑
23	■	启动	Bool	false	☐	☑
24	■	停止	Bool	false	☐	☑
25	■	▼ push	Array[0..3] of Bool		☐	☑
26		push[0]	Bool	false	☐	☑
27		push[1]	Bool	false	☐	☑
28		push[2]	Bool	false	☐	☑
29		push[3]	Bool	false	☐	☑

图 6-6-10　变量添加

二、文本列表添加

在项目树下，展开"HMI_1"，双击打开"文本和图形列表"，在文本列表中添加"运行进度"，并在其"文本列表条目"中，添加"值 1，系统启动"；"值 2，添加水"；"值 3，添加混合物"；"值 4，添加添加剂"；"值 5，添加糖"；"值 6，搅拌中"；"值 7，完成加工，请取料"；"值 8，系统停止"，如图 6-6-11 所示。

文本列表

...	名称 ▲	选择
	TextList_OriginalScreenNames	值范围
	TextList_ScreenNames	值范围
	运行进度	值范围
	添加	

文本列表条目

...	默认	值 ▲	文本
	○	1	系统启动
	○	2	添加水
	○	3	添加混合物
	○	4	添加添加剂
	○	5	添加糖
	○	6	搅拌中
	○	7	完成加工，请取料
	○	8	系统停止

图 6-6-11　文本列表添加

219

三、"操作画面"修正

步骤一：在项目树下，展开"画面"，双击打开"操作画面"，在画面中，添加一个"启动"按钮，设置其属性，打开"事件"选项卡，选中"按下"，添加函数为"按下按键时置位位"，变量为"数据_启动"，如图 6-6-12 所示；添加一个"停止"按钮，打开其"事件"选项卡，关联变量为"数据_停止"，如图 6-6-13 所示。

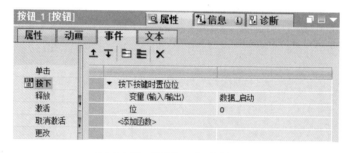

图 6-6-12 "按钮_1"事件设置

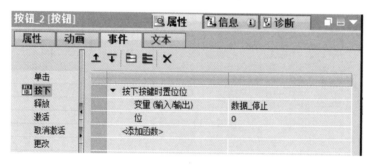

图 6-6-13 "按钮_2"事件设置

步骤二：添加一个"文本域"，修改文本为"系统进度"，字体为"23"；添加一个"符号 I/O 域_1"，打开其"属性"选项卡，关联过程变量为"数据_运行进度"，文本列表为"运行进度"，模式为"输出"，如图 6-6-14 所示；制作完成的画面如图 6-6-15 所示。

图 6-6-14 "符号 I/O 域_1"常规设置

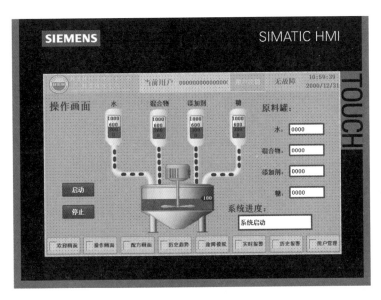

图 6-6-15　制作完成的画面

四、PLC 程序设计

步骤一： 在项目树下，展开"程序块"，双击"添加新块"，弹出"添加新块"窗口，选中"FC 函数"，修改名称为"自动"，如图 6-6-16 所示，单击"确定"，在项目树下生成一个"自动［FC1］"，如图 6-6-17 所示。

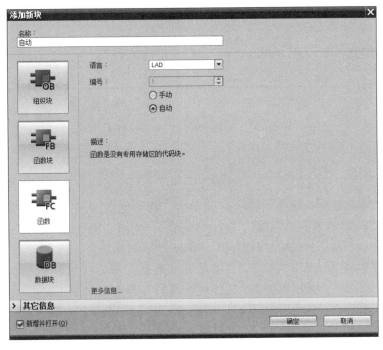

图 6-6-16　添加"自动"FC 函数

图 6-6-17　项目树下生成一个"自动［FC1］"

步骤二：双击打开的"自动［FC2］"中，编写程序段 1～程序段 8，如图 6-6-2～图 6-6-9 所示。

步骤三：在项目树中，双击打开"Main［OB1］"，选中项目树下的"自动［FC1］"，长按鼠标，将其拖拽到"Main［OB1］"的"程序段 7"中，"程序段 7"添加一个自动［FC1］子程序，如图 6-6-18 所示。

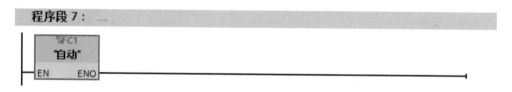

图 6-6-18　主程序调用"自动［FC1］"

五、仿真测试

步骤一：在项目树下，选中"PLC_1"，单击"启动仿真"，单击"确定"，单击"开始搜索"，单击"下载"，单击"装载"，单击"完成"，单击"RUN"。

步骤二：在项目树下，选中"HMI_1"，单击"启动仿真"。

步骤三：在触屏中，单击"启动"，可看到画面依次进行"水"添加、"混合物"添加、"添加剂"添加、"糖"添加、"搅拌机"进行搅拌、提示加工完成、系统停止提示，完成饮料加工。如图 6-6-19 所示，系统已经完成了"水"添加、"混合物"添加、"添加剂"添加，正在进行"糖"添加；其原料罐当前的数值分别为"900""980""970"和"994"；系统进度显示为"添加糖"。

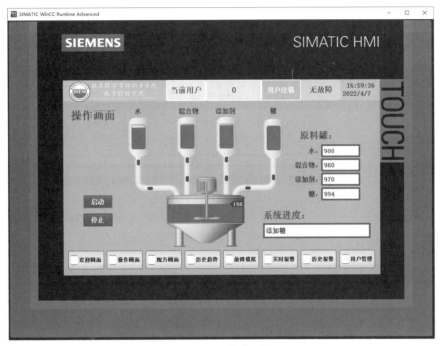

图 6-6-19 仿真测试

任务七 工艺配方组态应用

 任务描述

在任务六的基础上，增加配方功能。其饮料配方见表 6-7-1。

表 6-7-1 饮料配方

序号	名称	水	混合物	添加剂	糖
1	可乐	100	5	5	5
2	酸梅汁	100	20	20	20
3	果汁	100	10	10	10
4	苏打水	100	0	0	30

设计"配方画面"，如图 6-7-1 所示。

功能要求：

在该画面中，单击下拉菜单，选中饮料的相应配方，可以查看、编辑、删除配方的相应参数，并通过单击"写入 PLC"，将对应的配方参数输入到"饮料生产线系统中"，其系统按照相应的程序进行运行（可参看任务六），注意"操作画面"的生产罐容量为 200，要求配方总和不得超过"200"。

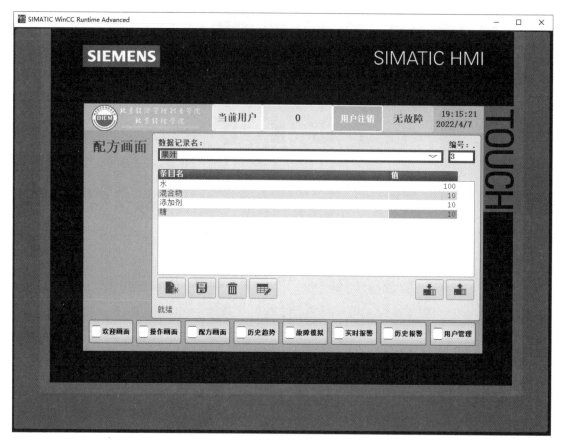

图 6-7-1　任务要求

 相关知识

一、配方的概念

配方是与某种生产工艺过程或设备有关的所有参数的集合。以食品加工业为例，某饮料厂生产不同口味的饮料，例如可乐、酸梅汁、果汁和苏打水等。其饮料的主要成分为水、混合物、添加剂和糖，但其混合比例不同，见表 6-7-1。

如果不使用配方，在改变产品的品种时，操作工人需要查表，并使用 HMI 设备的画面中的成分输入域，来将这些相关参数输入 PLC 的存储区。对于企业的相关产线的工艺过程参数可能会更多，如果人工去改变这些工艺参数，既浪费时间，又容易出错。

在需要改变大量参数时可以使用配方，只需要简单的操作，便能集中地和同步地将更换品种时所需的全部参数以数据记录的形式，从 HMI 设备传送到 PLC，也可以进行反向的传送。

每种果汁对应于一个配方。配方中的每个参数称为配方的一个条目，这些参数组成的一组数据，称为配方的一条数据记录，每种产品的参数对应于一条数据记录。表 6-7-1 中每一行的 4 个参数组成了配方的一条数据记录，4 种饮料产品对应的 4 条数据记录组成了其配方。

配方一般具有固定的数据结构，配方的结构在组态时定义。一个配方包含多个配方数据记录，这些数据记录的结构相同，仅仅数值不同。

配方存储在 HMI 设备或外部的存储介质上。在 HMI 设备和 PLC 之间，配方数据记录作为整体进行传送。可以直接用 HMI 设备一条一条地输入配方数据记录值，也可以在 Excel 中输入配方的参数，然后通过 ∗.csv 文件导入 HMI 设备。

二、配方的显示

在 HMI 的画面中组态一个配方视图或配方画面来显示和编辑配方。配方视图适用于简单的配方，以表格形式显示和编辑 HMI 设备内部存储器中的配方数据记录，配方视图是画面的一部分。用户可以根据自己的要求来组态配方视图的外观和功能。

配方画面是一个单独的画面，适用于大型配方，可以将配方数据分解成若干个画面。配方画面包括输入配方变量的区域和使用配方时需要的操作员控制对象。在配方画面中，配方值用配方变量保存。配方画面用于显示和编辑配方变量的值。

三、配方的存储方式

配方数据有下列存储方式：

1. 存储在 HMI 设备的配方存储器中。

2. 存储在外部存储介质中，例如存储卡。

3. 配方数据最终目的地时 PLC 的存储器，配方数据只有下载到 PLC 后，才能用它来控制工艺过程。PLC 中同时只保存一条配方数据记录。

 **技能操作**

一、配方参数添加

步骤一： 在项目树下，展开"HMI_1"，双击打开"配方"，添加"饮料配方"，修改"显示名称"为"饮料配方"，如图 6-7-2 所示。

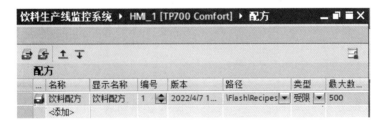

图 6-7-2　添加"饮料配方"

步骤二： 选中"饮料配方"，在下方的"元素"选项卡中，添加元素"水"，设定其显示名称为"水"，关联变量为"数据_配方_水"，数据类型为"Int"，数据长度为"2"；元素"混合物"，设定其显示名称为"混合物"，关联变量为"数据_配方_混合物"，数据类型为"Int"，数据长度为"2"；元素"添加剂"，设定其显示名称为"添加剂"，关联变量为"数据_配方_添加剂"，数据类型为"Int"，数据长度为"2"；元素"糖"，设定其显示名称为"糖"，关联变量为"数据_配方_糖"，数据类型为"Int"，数据长度为"2"，如图6-7-3所示。

...	名称	显示名称	变量		数据类型	数据长度	默...
🖬	水	水	数据_配方_水		Int	2	0
🖬	混合物	混合物	数据_配方_混合物		Int	2	0
🖬	添加剂	添加剂	数据_配方_添加剂		Int	2	0
🖬	糖	糖	数据_配方_糖	...	Int	2	0

图6-7-3　添加4个"元素"

步骤三：选中"数据记录"选项卡，添加"可乐"，设定其显示名称为"可乐"，编号"1"，水含量"100"，混合物含量"5"，添加剂含量"5"，糖含量"5"；添加"酸梅汁"，设定其显示名称为"酸梅汁"，编号"2"，水含量"100"，混合物含量"20"，添加剂含量"20"，糖含量"20"；添加"果汁"，设定其显示名称为"果汁"，编号"3"，水含量"100"，混合物含量"10"，添加剂含量"10"，糖含量"10"；添加"苏打水"，设定其显示名称为"苏打水"，编号"4"，水含量"100"，混合物含量"0"，添加剂含量"0"，糖含量"30"；如图6-7-4所示。

...	名称	显示名称	编号	水	混合物	添加剂	糖
🖬	可乐	可乐	1	100	5	5	5
🖬	酸梅汁	酸梅汁	2	100	20	20	20
🖬	果汁	果汁	3	100	10	10	10
🖬	苏打水	苏打水	4 ▲▼	100	0	0	30

图6-7-4　添加"数据记录"

二、"配方画面"制作

步骤一：在项目树下，展开"HMI"→"画面"，双击打开"配方画面"；展开右侧"工具箱"的"控件"，选中"配方视图"，如图6-7-5所示，长按鼠标，将其拖拽到"配方画面"中，生成一个"配方视图_1"，如图6-7-6所示。

步骤二：选中"配方视图_1"，打开其"属性"选项卡，选中"常规"，关联配方为"饮料配方"，取消"显示选择列表"；单击"配方数据记录"右侧拓展按钮，在弹出的窗口中选中"HMI变量"→"默认变量表"，如图6-7-7所示；单击"新增"，弹出"HMI_Tag_1"窗口，修改名称为"配方参数数据"，数据类型为"Int"，连接为"<内部变量>"，如图6-7-8所示。

图6-7-5　选中"配方视图"

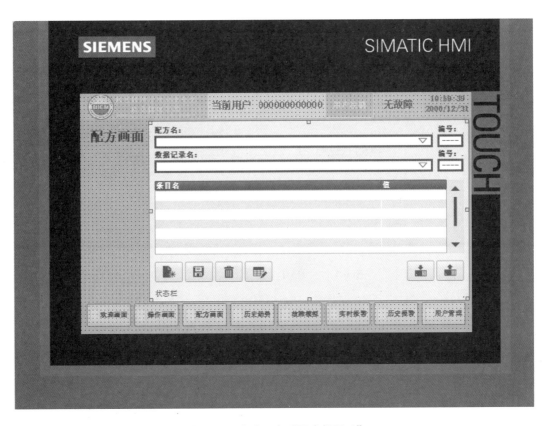

图 6-7-6　生成一个"配方视图_1"

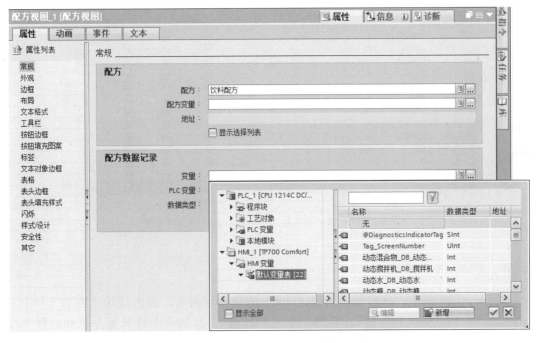

图 6-7-7　新增"配方数据记录"变量

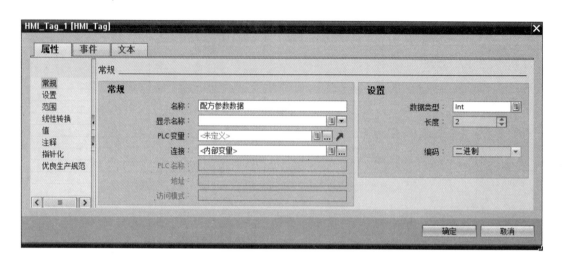

图 6-7-8 "HMI_Tag_1" 常规设置

三、PLC 变量添加

在项目树下，展开"PLC_1"→"程序块"，双击打开"数据［DB1］"，添加一个"Int"变量，其名称为"配方总和"，如图 6-7-9 所示。

		名称	数据类型	起始值	保持	可从 HMI/...	从 H...	在 HMI ...	设定值
1		▼ Static							
2		▪ 画面编号	Int	0	☐	☑	☑	☑	☐
3		▪ 进度条	Int	0	☐	☑	☑	☑	☐
4		▪ 欢迎画面	Bool	false	☐	☑	☑	☑	☐
5		▪ 生产罐	Int	0	☐	☑	☑	☑	☐
6		▶ 原料罐	Struct		☐	☑	☑	☑	☐
7		▶ 配方	Struct		☐	☑	☑	☑	☐
8		▶ 液体计数	Struct		☐	☑	☑	☑	☐
9		▪ 运行进度	Int	0	☐	☑	☑	☑	☐
10		▪ 程序步数	Int	0	☐	☑	☑	☑	☐
11		▪ 启动	Bool	false	☐	☑	☑	☑	☐
12		▪ 停止	Bool	false	☐	☑	☑	☑	☐
13		▶ push	Array[0..3] of Bool		☐	☑	☑	☑	☐
14		▪ 配方总和	Int	0	☐	☑	☑	☑	☐

图 6-7-9 添加一个名称为"配方总和"的 Int 变量

四、PLC 程序修改

步骤一：因系统生产罐容量不能超过 200，故在项目树下，双击打开"自动［FC1］"，单击工具栏中的"插入程序段"，新增一个"程序段"，添加一个计算配方总和的程序段，输入变量为"数据".配方.水、"数据".配方.混合物、"数据".配方.添加剂、"数据".配方. 糖，输出变量为"数据". 配方总和，函数为四个输入变量之和（OUT：＝IN1＋IN2＋IN3＋IN4），如图 6-7-10 所示。

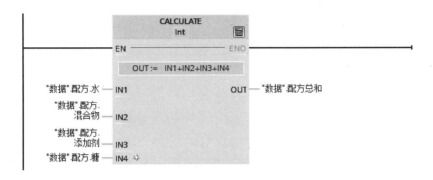

图 6-7-10　程序修改（一）

步骤二： 在系统"自动［FC1］"子程序的"系统启动"程序段中，添加一个限制条件，程序修改后如图 6-7-11 所示。

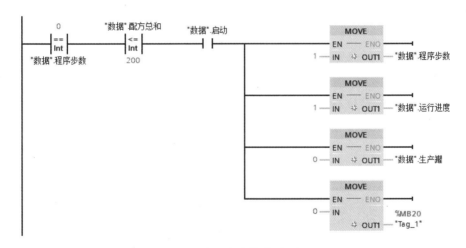

图 6-7-11　程序修改（二）

五、仿真测试

步骤一： 在项目树下，选中"PLC_1"，单击"启动仿真"，单击"确定"，单击"装载"，单击"完成"，单击"RUN"。

步骤二： 在项目树下，选中"HMI_1"，单击"启动仿真"。

步骤三： 在触屏中，通过单击相应按钮切换到"配方画面"，在该画面中，单击下拉菜单，选中饮料的相应配方，选中了"果汁"配方，如图 6-7-12 所示，通过在"配方窗口"左下方的按钮，可以新增、保存、删除和编辑配方的相应参数，并通过右下方的按钮，可以实现配方数据"写入 PLC"以及将 PLC 的参数上传配方管理系统。

229

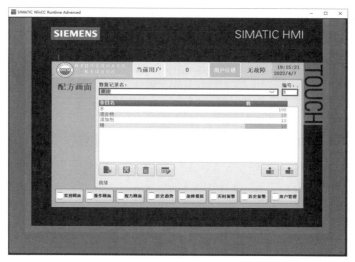

图 6-7-12　选中"果汁"配方

任务八　报警组态应用

　任务描述

　　报警信息可以迅速定位和清除故障，减少停机时间，避免停机。本任务要求在任务七的基础上，增加报警功能。因本系统非实物运行，故要求：

　　1. 设计"故障模拟"画面，如图 6-8-1 所示，利用按钮模拟"水泵电机故障""混合物电机故障""添加剂电机故障""加糖电机故障""搅拌机电机故障"五个离散量故障信息。

图 6-8-1　任务要求——故障模拟画面

2. 在系统中，当"配方总和"大于 200 时，添加"液体配方总量溢出"的数字报警信息。

3. 设计"实时报警"画面，如图 6-8-2 所示，在该画面中显示"饮料生产线"系统的实时报警信息。

图 6-8-2　任务要求——实时报警画面

4. 设计"历史报警"画面，如图 6-8-3 所示，在该画面中显示"饮料生产线"系统的历史报警信息。

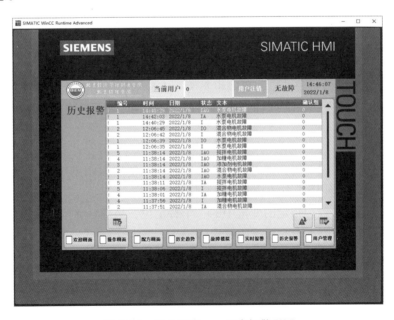

图 6-8-3　任务要求——历史报警画面

相关知识

报警系统用来在 HMI 设备上显示和记录运行状态和工厂中出现的故障。报警事件保存在报警记录中，用 HMI 设备显示，或者以报表形式打印输出。

一、报警的分类

1. 用户定义的报警

用于监视生产过程，或者测量和报告从 PLC 接收到的过程数据。

（1）离散量报警：离散量对应于二进制数的 1 位，发电机的开、停机，故障信号的出现和消失，都可以用来触发离散量报警。

（2）模拟量报警：模拟量的值超出上、下限时，将触发模拟量报警。

（3）PLC 产生的控制器报警：例如 CPU 切换到"STOP"的报警。

2. 系统定义的报警

（1）系统事件是 HMI 设备产生的，系统报警指示系统状态，以及 HMI 设备和系统之间的通信错误。

（2）系统定义的控制器报警由 S7 诊断报警和系统故障组成，前者显示 S7 控制器中的状态和事件，无须确认。

二、报警的状态

1. 到达

满足触发报警的条件时，报警的状态为"到达"。操作员确认了报警后，该报警的状态为"（到达）确认"。

2. 离开

当触发报警的条件消失时，报警的状态为"（到达）离开"。

3. 确认

为了确保操作员获得报警信息，可以组态为一直显示到操作人员对报警进行确认。确认后可能的状态有"（到达）确认""（到达离开）确认"和"（到达确认）离开"。

三、确认报警的方法

1. 用户可根据组态用下列方式之一手动确认报警：使用 HMI 设备上的确认键；使用报警视图中的确认按钮；使用组态的功能键或画面中的按钮。

2. PLC 的控制程序置位指定的变量中的一个特定位，来确认离散量报警。

3. 通过函数列表或脚本中的系统函数确认。

四、运行系统中报警的显示

1. 报警视图

报警视图用于显示报警缓冲区或报警记录中的报警或事件。报警视图在画面中组态，可以组态具有不同内容的多个报警视图。根据组态，可以同时显示多个报警消息。

2. 报警窗口

报警窗口在"全局画面"编辑器中组态。指定报警类别的报警处于激活状态时，报警窗口自动打开。报警窗口关闭的条件与组态有关。

报警窗口保存在它自己的层上，组态其他画面时它被隐藏。

3. 报警指示器

报警指示器是一个图形符号，在"全局画面"中组态它。在指定报警类别的报警被激活时，该符号出现在屏幕上，可以用拖拽的方法改变它的位置。

4. 电子邮件通知

带有特定报警类别的报警到达时，若要通知除操作员之外的人员，某些 HMI 设备可以将特定的报警类别发送给指定的电子邮件地址。

5. 系统函数

报警事件发生时，在运行系统中执行组态的函数。

五、报警记录

报警用来指示系统的运行状态和故障。通常由 PLC 触发报警，在 HMI 设备的画面中显示报警。除了在报警视图和报警窗口中实时显示报警事件以外，WinCC 还允许用户用报警记录来记录报警。可以在一个报警记录中记录多个报警类别的报警，也可以用别的应用程序（例如 Excel）来查看报警记录。某些 HMI 设备不能使用报警记录。

除了数据源（报警缓冲区或报警记录）以外，还可以根据报警类别进行过滤。记录的数据可以保存在文件或数据库中，保存的数据可以在其他程序中进行处理，例如用于分析。来自报警缓冲区的报警事件可以按报表形式打印输出。

技能操作

一、PLC 变量添加

在项目树下，展开"PLC_1"→"程序块"，双击打开"数据［DB1］"，添加一个"报警字"，数据类型为"WORD"的变量，一个变量"报警提示"，数据类型为"Bool"；如图 6-8-4 所示。

二、HMI 变量添加

在项目树下，展开"HMI_1"→"HMI 变量"，双击"添加新变量表"，在项目树下生成一个"变量表_1［0］"，单击鼠标右键→"重命名"，修改名称为"报警变量表"，如图 6-8-5 所示；双击打开"报警变量表"，在其中添加一个"离散量报警"、"PLC 变量"关联变量为"数据. 报警字"；添加一个"模拟量报警"，"PLC 变量"关联变量为"数据. 配方总和"，如图 6-8-6 所示。

三、"历史数据"添加

在项目树下，双击打开"历史数据"，打开"报警记录"选项卡，添加"Alarm"，每个

	名称	数据类型	起始值	保持	可从 HMI/...	从 H...	在 HMI ...	设定值
1	▼ Static							
2	画面编号	Int	0	☐	☑	☑	☑	☐
3	进度条	Int	0	☐	☑	☑	☑	☐
4	欢迎画面	Bool	false	☐	☑	☑	☑	☐
5	生产罐	Int	0	☐	☑	☑	☑	☐
6	▶ 原料罐	Struct			☑	☑	☑	
7	▶ 配方	Struct			☑	☑	☑	
8	▶ 液体计数	Struct			☑	☑	☑	
9	运行进度	Int	0	☐	☑	☑	☑	☐
10	程序步数	Int	0	☐	☑	☑	☑	☐
11	启动	Bool	false	☐	☑	☑	☑	☐
12	停止	Bool	false	☐	☑	☑	☑	☐
13	▶ push	Array[0..3] of Bool			☑	☑	☑	
14	配方总和	Int	0	☐	☑	☑	☑	☐
15	报警字	Word	16#0	☐	☑	☑	☑	☐
16	报警提示	Bool	false	☐	☑	☑	☑	☐

图 6-8-4　添加两个变量，"报警字"和"报警提示"

图 6-8-5　添加"报警变量表"

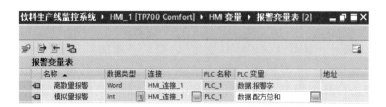

名称 ▲	数据类型	连接	PLC 名称	PLC 变量	地址
离散量报警	Word	HMI_连接_1	PLC_1	数据.报警字	
模拟量报警	Int	HMI_连接_1	PLC_1	数据.配方总和	

图 6-8-6　"报警变量表"增加"离散量报警和模拟量报警"，并关联

记录的数据为"500"，存储位置为"CSV 文件"，路径为"\ Storage Card SD \ Logs"，记录方法为"循环记录"，如图 6-8-7 所示。

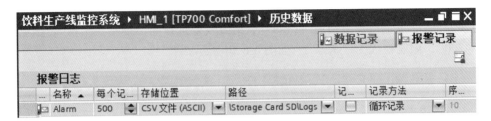

图 6-8-7 "历史数据"添加

四、HMI 报警参数添加

步骤一: 在项目树下,双击打开"HMI 报警",打开"离散量报警"选项卡,添加"水泵电机故障";输入报警文本为"水泵电机故障";设定报警类别为"Errors";单击触发变量栏右侧拓展按钮,在弹出的窗口中展开"HMI_1"→"HMI 变量"→"报警变量表〔2〕",选中"离散量报警",如图 6-8-8 所示,单击"√",完成"触发变量"的选择;设置触发位为"0"。添加"混合物电机故障",输入报警文本为"混合物电机故障";设定报警类别为"Errors";触发变量为"离散量变量";触发为"1"。添加"添加剂电机故障",输入报警文本为"添加剂电机故障";设定报警类别为"Errors";触发变量为"离散量变量";触发为"2"。添加"加糖电机故障",输入报警文本为"加糖电机故障";设定报警类别为"Errors";触发变量为"离散量变量";触发为"3"。添加"搅拌电机故障",输入报警文本为"搅拌电机故障";设定报警类别为"Errors";触发变量为"离散量变量";触发为"4"。设定完成后,如图 6-8-9 所示。

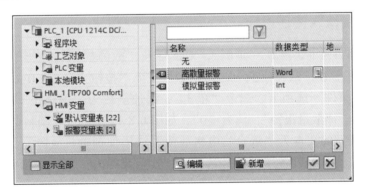

图 6-8-8 选中"离散量报警"变量

	ID	名称	报警文本	报警类别	触发变量	触发位	触发器地址	HMI 确
	1	水泵电机故障	水泵电机故障	Errors	离散量报警	0	数据 报警字.x0	<无变
	2	混合物电机故障	混合物电机故障	Errors	离散量报警	1	数据 报警字.x1	<无变
	3	添加剂电机故障	添加剂电机故障	Errors	离散量报警	2	数据 报警字.x2	<无变
	4	加糖电机故障	加糖电机故障	Errors	离散量报警	3	数据 报警字.x3	<无变
	5	搅拌电机故障	搅拌电机故障	Errors	离散量...	4	数据 报警字.x4	<无变

图 6-8-9 "离散量报警"添加 5 个报警项目并设置

步骤二：打开"模拟量报警"选项卡，添加"液体配方总量溢出"，输入报警文本为"液体过多溢出"，设定报警类别为"Errors"，触发变量选择为"模拟量报警"，限制为生产罐上限"200"，限制模式为"大于"，如图 6-8-10 所示；

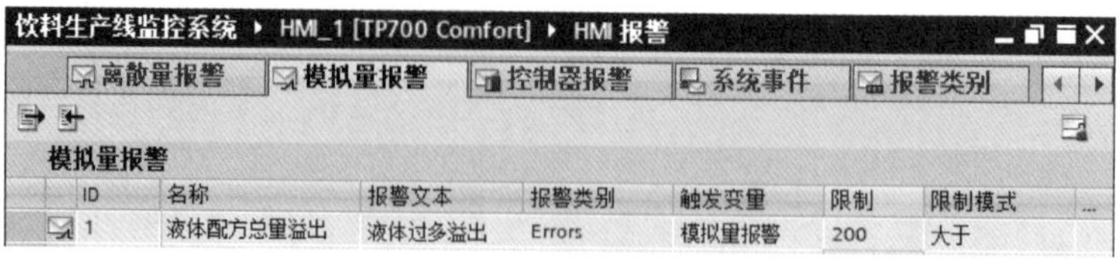

图 6-8-10 "模拟量报警"添加

步骤三：打开"报警类别"选项卡，将"Errors"的日志关联历史数据的"Alarm"，如图 6-8-11 所示。

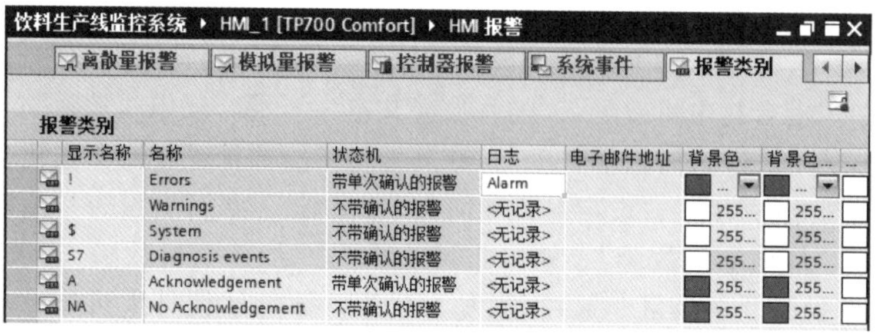

图 6-8-11 打开"报警类别"并关联

五、"故障模拟"画面设计

步骤一：在项目树下，展开"画面"，双击打开"故障模拟"；展开"工具箱"→"元素"，选中"按钮"，在"故障模拟"画面中添加一个"按钮_1"，修改文本为"水泵电机故障"；打开其"事件"选项卡，选中"单击"，添加函数为"编辑位"→"置位变量中的位"，变量设定为"离散量报警"，位为"0"，如图 6-8-12 所示。复制粘贴，再生成 4 个按钮，分别修改各按钮的文本为"混合物电机故障""添加剂电机故障""加糖电机故障""搅拌电机故障"；分别打开各"事件"选项卡，其函数均为"置位变量中的位"，其变量均为"离散量报警"，其位分别为"1""2""3"和"4"。

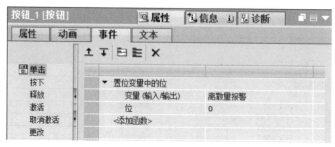

图 6-8-12 添加按钮

步骤二：继续添加一个"按钮_6"，修改文本为"复位报警"；打开其"事件"选项卡中，选中"单击"，添加函数为"编辑位"→"复位变量中的位"，连续添加5次，变量均设定为"离散量报警"，位分别为"0""1""2""3""4"，如图6-8-13所示。

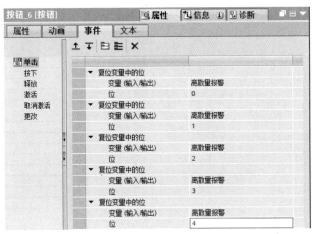

图6-8-13　添加"复位报警"按钮

六、"实时报警"和"历史报警"画面设计

步骤一：在项目树下，双击打开"实时报警"画面，展开"工具箱"→"控件"，选中"报警视图"，如图6-8-14所示，长按鼠标左键，将其拖拽到画面中，生成一个"报警视图_1"，打开其"属性"选项卡，选中"常规"，选定"当前报警状态"，如图6-8-15所示。

图6-8-14　选中"报警视图"

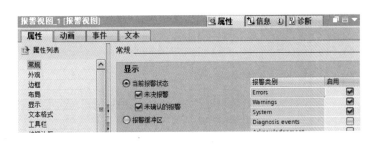

图6-8-15　设置"报警视图"属性

步骤二：在项目树下，双击打开"历史报警"画面，在画面中制作一个"报警视图_1"，打开其"属性"选项卡，选中"常规"，选定"报警记录"，单击其右侧拓展按钮，在弹出的窗口选中"历史数据"→"Alarm"，单击"√"，如图6-8-16所示。

步骤三：在项目树下，展开"画面管理"，双击打开"全局画面"，如图6-8-17所示，删除画面中所有的构件，以防止触屏运行后自动弹出报警图框和图表。

七、"模板"报警指示功能设计

步骤一：在项目树下，展开"PLC_1"→"程序块"，双击打开"Main［OB1］"，在"程

图 6-8-16　设置"历史报警"画面

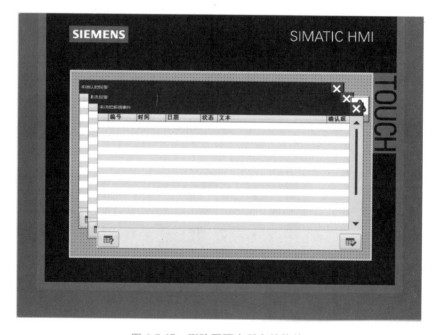

图 6-8-17　删除画面中所有的构件

序段 8"中，添加报警指示程序，如图 6-8-18 所示，该程序表示报警字不等于零和配方数据总和超过 200，触发报警。

步骤二：在项目树下，展开"画面管理"→"模板"，双击打开"模板_1"，选中"模板_文本域_3"绿色灯，打开其"动画"选项卡，展开"显示"，双击"添加新动画"，在弹出的窗口，选中"可见性"，单击"确定"，在该选项卡的总览中生成一个"可见性"，设定其过程变量为"数据_报警提示"，调整范围从"0"至"0"，选定"可见"，如图 6-8-19 所示；选中"模板_文本域_2"红色灯，打开其"动画"选项卡，展开"显示"，双击"添加新动画"，在

图 6-8-18　编写报警指示程序

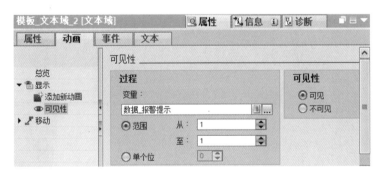

图 6-8-19　"模板_文本域_3"绿色灯设置

弹出的窗口，选中"可见性"，单击"确定"，在该选项卡的总览中生成一个"可见性"，设定其过程变量为"数据_报警提示"，调整范围从"1"至"1"，选定"可见"，如图 6-8-20 所示。

图 6-8-20　"模板_文本域_4"红色灯设置

八、仿真测试

步骤一： 在项目树下，选中"PLC_1"，单击"启动仿真"，单击"确定"，单击"开始搜索"，单击"下载"，单击"装载"，单击"完成"，单击"RUN"。

步骤二： 在项目树下，选中"HMI_1"，单击"启动仿真"。

步骤三： 在触屏中，通过单击屏幕下方"故障模拟"按钮切换到"故障模拟"画面，在该画面中，单击相应的故障模拟"按钮"，例如，如图 6-8-21 所示，单击"添加剂电机故障"，故障指示红灯亮，显示"故障中"；单击"实时报警"按钮，可看到在"实时报警"画面中显示对应的报警提示，其报警状态显示为"I"，如图 6-8-22 所示；单击"确定"，其报警状态显示为"IA"，如图 6-8-23 所示；回到"故障模拟"画面中，单击"复位报警"，故障指示绿灯亮，显示"无故障"，如图 6-8-24 所示；在"实时报警"画面中会对应的报警提示消失，在"历史报警"中，会显示历史过程中所有的报警及相关状态，其报警当前状态显示为"IAO"，如图 6-8-25 所示。

图 6-8-21 "故障模拟"画面

图 6-8-22 "实时报警"画面，报警状态显示为"I"

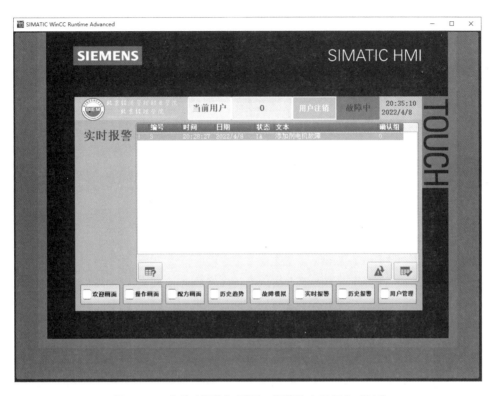

图 6-8-23　"实时报警"画面，报警状态显示为"IA"

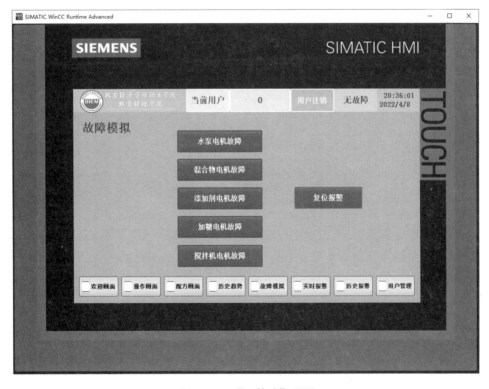

图 6-8-24　"无故障"画面

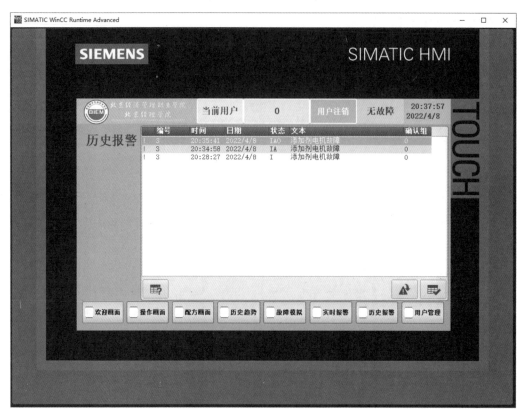

图 6-8-25 "历史报警"画面

任务九 趋势视图应用

 **任务描述**

在任务八的基础上，增加"配方"各参数的曲线趋势显示。

具体要求：

1. 切换到"配方画面"，可以设定相应的配方参数数据。

2. 设计"历史趋势"画面，如图 6-9-1 所示，在该画面中显示"配方参数"的数据曲线和数据数值。

 **相关知识**

趋势是变量在运行时的值的图形表示，在画面中用曲线形式的趋势视图来连续显示趋势。趋势视图是一种动态显示元件，以曲线的形式连续显示过程数据。一个趋势视图可以同

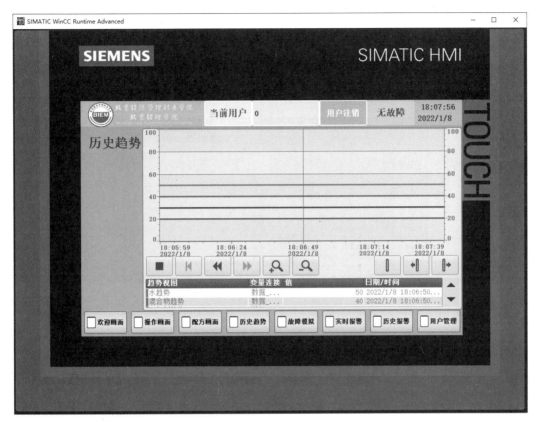

图 6-9-1　任务要求

时显示多个不同的趋势。趋势视图分为以时间 t 为自变量的 f(t) 趋势视图，和以任意变量 x 为自变量的 f(x) 趋势视图。趋势有四种类型，分别为：

1. 数据记录：用于显示数据记录中的变量的历史值，在运行时，操作员可以移动时间窗口，以查看期望的时间段内记录的数据。

2. 触发的实时循环：要显示的值由固定的、可组态的时间间隔从 PLC 读取数据，并在趋势视图中显示。在组态变量时选择"采集模式"为"循环连续"。这种趋势适合于表示连续的过程。

3. 实时位触发：启用缓冲方式的数据记录，实时数据保存在缓冲区内。通过设置的一个位来触发要显示的值。常用来显示短暂的快速变化的值。

4. 缓冲区位触发：用于带有缓冲数据采集的事件触发趋势视图显示。

 **技能操作**

一、"历史数据"添加

在项目树下，展开"HMI_1"，双击打开"历史数据"，在"数据记录"选项卡中，添加"配方记录"，存储位置为"CSV 文件"，每个记录的数据为"500"，路径为"\Storage

Card SD\Logs"，记录方法为"循环记录"。并选中该"配方记录"，在下方的记录变量中，添加"水"，关联变量为"数据_配方_水"，记录周期为"1s"；添加"混合物"，关联变量为"数据_配方_混合物"，记录周期为"1s"；添加"添加剂"，关联变量为"数据_配方_添加剂"，记录周期为"1s"；添加"糖"，关联变量为"数据_配方_糖"，记录周期为"1s"，如图6-9-2所示。

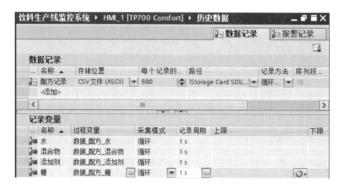

图6-9-2 "历史数据"添加

二、"历史趋势"画面设计

在项目树下，展开"画面"，双击打开"历史趋势"画面；展开"工具箱"→"控件"，选中"趋势视图"，如图6-9-3所示，长按鼠标左键，将其拖拽到画面中，在"历史趋势"画面中生成一个"趋势视图_1"。选中该视图，单击鼠标右键→属性，打开其"属性"选项卡，选中"趋势"，添加"水趋势"；单击其样式右侧下拉菜单，在弹出窗口中，调整样式线宽为"3"，单击"√"，如图6-9-4所示，确定"样式"；趋势值保持为"100"；趋势类型选择为"数据记录"；单击"源设置"下拉菜单，在弹出窗口中，数据记录设定为"配方记录"，过程值为"数据_配方_水"，如图6-9-5所示。添加"混合物趋势"，数据源过程值设置为"数据_配方_混合物"。添加"添加剂趋势"，数据源过程值设置为"数据_配方_添加剂"。添加"糖趋势"，数据源过程值设置为"数据_配方_糖"。设置完成后，如图6-9-6所示。

图6-9-3 选中"趋势视图"

图6-9-4 "水趋势"样式设置

图 6-9-5　"水趋势"源设置

图 6-9-6　四种"趋势"设置完成

三、仿真测试

步骤一： 在项目树下，选中"PLC_1"，单击"启动仿真"，单击"确定"，接口/子网的连接选择为"插槽 1 X1 处的方向"，单击"开始搜索"，单击"下载"，单击"装载"，单击"完成"，单击"RUN"。

步骤二： 在项目树下，选中"HMI_1"，单击"启动仿真"。

步骤三： 在触屏中，单击屏幕下方"配方画面"按钮，换到"配方画面"，在该画面中，在"数据记录名"中，输入"A1"，在下方条目对应的数值中设置"水"为"50"、"混合物"为"40"、"添加剂"为"30"、"糖"为"20"，并单击屏幕右下方相应的按钮，将添加的配方加载到 PLC 中，如图 6-9-7 所示。

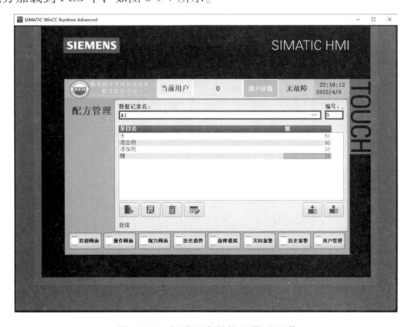

图 6-9-7　新增配方数据记录"A1"

步骤四：单击"历史趋势"按钮，弹出窗口，如图6-9-8所示，单击"是"，切换到"历史趋势"画面，可看到对应的数据曲线和数据，如图6-9-9所示。

图6-9-8　保存提示

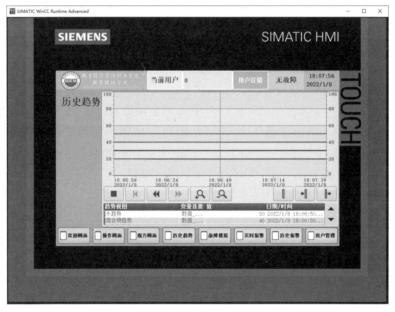

图6-9-9　"历史趋势"画面

任 务 十　用 户 管 理

 任务描述

在任务九的基础上，增加HMI用户管理。

具体要求：

1. 切换到"用户管理"画面，如图 6-10-1 所示，可以进行用户登录和注销。
2. 登录用户可在每个画面显示。
3. 管理员权限可以实现系统的所有操作；操作员无配方参数设置权限。

图 6-10-1　任务要求

 相关知识

一、用户管理的作用

在系统运行时，可能需要创建或修改某些重要的参数，例如修改温度或时间的设定值，修改 PID 控制器的参数，创建新的配方数据记录，或者修改已有的数据记录中的条目等。显然，这些重要的操作只能允许某些指定的专业人员来完成，必须防止未经授权的人员对这些重要数据的访问和操作。例如，操作员只能访问指定的输入域和功能键，而调试工程师在运行时可以不受限制地访问所有的变量。应确保只有经过专门训练和授权的人员才能对机器和设备进行设计、调试、操作、维修以及其他操作。

用户管理用于在运行时控制对数据和函数的访问。为此创建并管理用户和用户组，然后将它们传送到 HMI 设备中。在运行系统中，通过用户视图来管理用户和密码。

二、用户管理的结构

在用户管理中，权限不是直接分配给用户，而是分配给用户组。同一个用户组中的用户具有相同的权限。

组态时需要创建用户和用户组，在"用户"编辑器中，将各用户分配到用户组，并获得不同的权限。在"组"编辑器中，为各用户组分配特定的访问权限（授权）。用户管理将用户的管理与权限的组态分离开来，这样可以确保访问保护的灵活性。

在工程组态系统中的组态阶段，为用户管理设置默认值。在运行系统中可以使用用户视图创建和删除用户，修改用户的密码和权限。

 技能操作

一、用户、用户组及权限分配

步骤一：在项目树下，展开"HMI_1"，双击打开"用户管理"，选中"用户"选项卡，在"用户"中添加名称为"zhangsan"、密码为"123"；名称为"lisi"、密码为"456"。

步骤二：设定"zhangsan"的"组"为"管理员组"，如图 6-10-2 所示；设定"lisi"的"组"为"用户"，如图 6-10-3 所示。

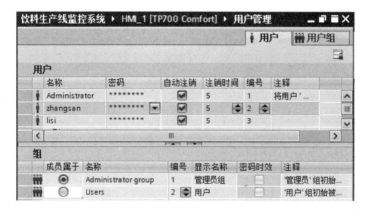

图 6-10-2 设定"zhangsan"的"组"为"管理员组"

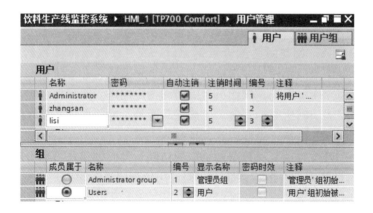

图 6-10-3 设定"lisi"的"组"为"用户"

步骤三：用户组为默认，不修改。

二、HMI 变量添加

步骤一：在项目树下，展开"HMI 变量"，双击打开"默认变量表"，添加变量，其名称为"当前用户名"，数据类型为"WString"，连接设定为"<内部变量>"。

步骤二：在项目树下，双击打开"计划任务"，添加计划任务，其触发器为"用户更改"；打开其"事件"选项卡，选中"更新"，添加函数为"用户管理"→"获取用户名"，"变量"为"当前用户名"，如图 6-10-4 所示。

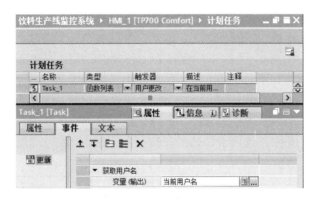

图 6-10-4　"计划任务"的事件设置

三、"模板"修正

在项目树下，展开"画面管理"→"模板"，双击打开"模板_1"，选中"模板_I/O 域_1"，打开其"属性"选项卡，设置类型为"输出"，格式为"字符串"，关联变量为"当前用户名"，如图 6-10-5 所示。

图 6-10-5　"模板"修正

四、"配方画面"修正

在项目下，展开"画面"，双击打开"配方画面"，选中"配方视图_1"，打开其"属性"选项卡，选中"安全性"，设置其"权限"为"User administration"，如图 6-10-6 所示。

图 6-10-6 "配方画面"修正

五、"用户管理"画面设计

步骤一：在项目树下，展开"画面"，双击打开"用户管理"画面，展开"工具箱"→"控件"，拖拽"用户视图"到画面中。

步骤二：利用"工具箱"中"元素"的"按钮"，生成一个"按钮_1"，修改常规文本为"登录"，打开其"事件"选项卡，选中"按下"，添加函数为"用户管理"→"显示登录对话框"，如图 6-10-7 所示。

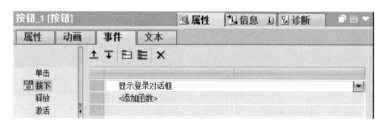

图 6-10-7 "用户管理"画面设计

步骤三：复制粘贴按钮，修改文本为"注销"，打开其"事件"选项卡，选中"按下"，添加函数为"用户管理"→"注销"。

六、仿真运行

步骤一：在项目树下，选中"PLC_1"，单击"启动仿真"，单击"确定"，单击"开始搜索"，单击"下载"，单击"装载"，单击"完成"，单击"RUN"。

步骤二：在项目树下，选中"HMI_1"，单击"启动仿真"。

步骤三：在触屏上，单击"用户管理"，切换到"用户管理"窗口，单击"登录"，输入用户名和密码，登陆为"zhangsan"管理员，切换到"配方画面"，选中"果汁"，可下载参数到 PLC。

步骤四：再次切换到"用户管理"，注销用户，再次登录为"lisi"用户，屏幕上对应显示当前用户名。

步骤五：当当前用户为"lisi"时，无法修改配方参数，只能在"操作画面"单击"启动"，启动系统工作。

下篇　操作篇

01

项目一　HMI 组态与调试入门

学习工作页一　软件的安装

信息咨询

问题 1：根据项目一任务一的描述，写出需要安装的软件名称。

_____

_____

问题 2：你的计算机配置是什么？

处理器：_____

内存：_____

显示器分辨率：_____

系统类型：_____

Windows 版本及版本号：_____

问题 3：你的计算机的防火墙和杀毒软件有哪些？

_____

_____

问题 4：安装软件相关信息？

下载地址：_____

软件的大小：_____

安装软件需要的空间大小：_____

计划决策

根据收集的信息及小组讨论结果，进行任务的计划和决策。

策略 1：下载的软件存放地址？

_____

策略 2：计算机的配置是否符合软件安装需求？

_____

策略3： 计算机的防火墙和杀毒软件如何关闭？

_____

_____

策略4： 如何打开计算机的注册表？

_____

_____

任务实施

将本任务的实施步骤以及在实施过程中遇到的问题进行记录。

_____
_____
_____
_____
_____
_____
_____
_____
_____
_____
_____
_____
_____
_____
_____
_____
_____
_____
_____
_____
_____
_____
_____
_____
_____
_____
_____
_____
_____

学习工作页二　S7-1200 与 HMI 的下载及仿真

 **信息咨询**

问题 1：根据项目一任务二的描述，回顾 PLC 的"起保停"程序，确定 PLC 的变量分配，完成下表。

输入变量			输出变量		
名称	数据类型	地址	名称	数据类型	地址
"起保停"程序： 					

问题 2：你曾经接触过的西门子 PLC 的型号是什么？使用什么编程软件？

_____

_____

问题 3：挑选一种西门子 S7-1200 的 PLC，通过网络查找或者观察实物，说明其型号、订货号？

型号：_____

订货号：_____

问题 4：挑选一种西门子 SIMATIC 精简面板的 HMI，通过网络查找或者观察实物，说明其型号、订货号？

型号：_____

订货号：_____

 **计划决策**

根据收集的信息及小组讨论结果，进行任务的计划和决策。

策略 1：确定 PLC 的 IP 地址。

IP 地址：_____

策略 2：确定 HMI 的 IP 地址。

IP 地址：_____

策略3：确定计算机的 IP 地址。

IP 地址：_____

策略4：根据以下具体情况，设置 PG/PC 接口的参数。

实物 PLC 和实物 HMI：_____

实物 PLC 和仿真 HMI：_____

仿真 PLC 和仿真 HMI：_____

任务实施

将本任务的实施步骤以及在实施过程中遇到的问题进行记录。

_____

_____

_____

_____

_____

_____

_____

_____

_____

_____

_____

_____

_____

_____

_____

_____

_____

_____

_____

_____

_____

_____

_____

_____

_____

_____

学习工作页三　S7-300 与 HMI 的集成仿真

 信息咨询

问题 1：根据项目一任务三的描述，设计一个"点动"PLC 程序，并对其变量进行分配。

输入变量			输出变量		
名称	数据类型	地址	名称	数据类型	地址
PLC 程序： 					

问题 2：挑选一种西门子 S7-300 的 PLC，通过网络查找或者观察实物，说明其型号、订货号？

型号：＿＿＿＿＿＿＿＿＿＿＿＿＿＿＿＿＿＿＿＿＿＿＿＿＿＿＿＿＿＿＿＿＿＿＿＿

订货号：＿＿＿＿＿＿＿＿＿＿＿＿＿＿＿＿＿＿＿＿＿＿＿＿＿＿＿＿＿＿＿＿＿＿

问题 3：在"S7-PLCSIM1"仿真器中，"位存储器"MB0 和"输出变量"QB0 有几位，分别写出各位的地址？

MB0：＿＿＿＿＿＿＿＿＿＿＿＿＿＿＿＿＿＿＿＿＿＿＿＿＿＿＿＿＿＿＿＿＿＿＿＿

QB0：＿＿＿＿＿＿＿＿＿＿＿＿＿＿＿＿＿＿＿＿＿＿＿＿＿＿＿＿＿＿＿＿＿＿＿＿

 计划决策

根据收集的信息及小组讨论结果，进行任务的计划和决策。

策略：以下图 a 和图 b，哪一个是 S7-300 的仿真器？

图 a

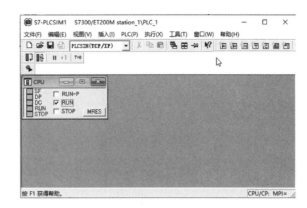

图 b

 任务实施

将本任务的实施步骤以及在实施过程中遇到的问题进行记录。

_____

_____

_____

_____

_____

_____

_____

_____

_____

_____

_____

_____

_____

_____

_____

_____

_____

_____

_____

_____

_____

_____

_____

_____

02

项目二 小车移动监控系统

学习工作页一 按 钮 制 作

信息咨询

问题1： 设计一个"点动"PLC程序，并对其变量进行分配。

输入变量			输出变量		
名称	数据类型	地址	名称	数据类型	地址
PLC 程序：					

问题2： 挑选一种 SIMATIC 精智面板的 HMI，通过网络查找或者观察实物，说明其型号、订货号。

型号：_____

订货号：_____

问题3： 按钮的常见功能有哪些？对应用什么函数实现？

按钮功能	函数

计划决策

根据收集的信息及小组讨论结果，进行任务的计划和决策。

策略： 设计一个"启动"按钮。

标签文本：＿＿＿＿＿＿＿＿＿＿＿＿＿＿＿＿＿＿＿＿＿＿＿＿＿

字体和字号：＿＿＿＿＿＿＿＿＿＿＿＿＿＿＿＿＿＿＿＿＿＿＿

外观：＿＿＿＿＿＿＿＿＿＿＿＿＿＿＿＿＿＿＿＿＿＿＿＿＿＿

填充样式：＿＿＿＿＿＿＿＿＿＿＿＿＿＿＿＿＿＿＿＿＿＿＿＿

大小：＿＿＿＿＿＿＿＿＿＿＿＿＿＿＿＿＿＿＿＿＿＿＿＿＿＿

任务实施

将本任务的实施步骤以及在实施过程中遇到的问题进行记录。

学习工作页二　I/O 域使用

信息咨询

问题 1：根据项目二任务二的描述，用作输入框和输出框所使用的构件叫什么？

问题 2："设定电机频率"和"当前电机频率"两个变量的数据类型是什么？

设定电机频率：

当前电机频率：

问题 3："设定电机频率"和"当前电机频率"两个变量所在数据 DB 块的名称是什么？

问题 4："I/O 域"构件在工具箱的什么栏目下？

计划决策

根据收集的信息及小组讨论结果，进行任务的计划和决策。

策略：两个"I/O 域"的属性设置。

属性	I/O 域_1	I/O 域_2
过程变量		
类型模型		
显示格式		
格式样式		
文本格式		

任务实施

将本任务的实施步骤以及在实施过程中遇到的问题进行记录。

学习工作页三 文本域及图形视图使用

 信息咨询

问题1：根据项目二任务三的描述，显示"北京经济管理职业学院 LOGO"构件叫什么？

_____

问题2："文本域"构件在工具箱的什么栏目下？

_____

 计划决策

根据收集的信息及小组讨论结果，进行任务的计划和决策。
策略："文本域"及"图形视图"的属性设置。

	文本域_1	文本域_2	图形视图_1	
文本			背景填充图案	
字体				

 任务实施

将本任务的实施步骤以及在实施过程中遇到的问题进行记录。

_____

_____

_____

_____

_____

_____

_____

_____

_____

_____

_____

学习工作页四　移动动画制作

 信息咨询

问题：根据项目二任务四的描述，组成"小车"构件有哪些？

 计划决策

根据收集的信息及小组讨论结果，进行任务的计划和决策。

策略 1：小车构件的属性设置。

外观属性	矩形_1	圆_1	圆_2
背景颜色.			
边框宽度			
边框颜色			

策略 2：小车构件的动画设置。

动画名称	变量	范围	起始位置	目标位置
水平移动				

 任务实施

将本任务的实施步骤以及在实施过程中遇到的问题进行记录。

_____

_____

_____

_____

_____

_____

_____

_____

_____

学习工作页五　建立小车移动监控系统

 信息咨询

问题 1： HMI 的采样周期有哪些?

问题 2： 根据控制要求，进行 PLC 的变量分配及 PLC 程序编写。

变量			变量		
名称	数据类型	地址	名称	数据类型	地址

PLC 程序:

 计划决策

根据收集的信息及小组讨论结果，进行任务的计划和决策。

策略 1： "按钮" 构件的属性设置。

属性	按钮_1	按钮_2	按钮_3
文本			
变量			

策略 2：
如何能实现 HMI 画面小车移动不卡顿？

任务实施

将本任务的实施步骤以及在实施过程中遇到的问题进行记录。

03

项目三　水泵控制监控系统

学习工作页一　指示灯制作

 信息咨询

问题：构件"圆"在工具箱的什么栏目中？

 计划决策

根据收集的信息及小组讨论结果，进行任务的计划和决策。

策略 1："圆_1"构件的动画设置。

动画名称	变量	范围设置			
		范围	背景色	范围	背景色
外观					

策略 2："矩形"构件的属性设置。

	背景色	动画名称	变量	范围	可见性
矩形_1					
矩形_2					

任务实施

将本任务的实施步骤以及在实施过程中遇到的问题进行记录。

_____
_____
_____
_____
_____

学习工作页二　弹出画面制作

信息咨询

问题1：根据任务描述中的图示，画面中是否存在"根画面"等系统默认的"页眉"？如何删除系统默认"页眉"？

_____

_____

_____

问题2："弹出画面"在项目树下的位置？

_____

计划决策

根据收集的信息及小组讨论结果，进行任务的计划和决策。

策略1：如下图"弹出画面"，进行属性设置。

画面	大小	构件名称	文本	变量	数据类型
	名称	文本域	—	—	
		按钮_1			
		按钮_2			
		按钮_3			
		圆_1	—		

策略2："符号库"构件的属性设置。

	事件	函数	画面名称	x坐标	y坐标	显示模式
带法兰泵						

任务实施

将本任务的实施步骤以及在实施过程中遇到的问题进行记录。

学习工作页三　文本列表和符号 I/O 域使用

信息咨询

问题 1：下拉菜单设计一般使用什么构件？

_____

问题 2：根据任务描述，下拉菜单中有几个选项？默认选项是什么？

_____

_____

问题 3：本项目创建了几个数据 DB 块，其名称为？

_____

计划决策

根据收集的信息及小组讨论结果，进行任务的计划和决策。

策略 1：本任务新增的变量名称和数据类型。

变量名称：_____

数据类型：_____

策略 2：两个"符号 I/O 域_1"的属性设置。

	根画面中"符号 I/O 域_1"	泵操作画面中"符号 I/O 域_1"
过程变量		
模式		
内容文本列表		
字体格式		
边框宽度		
背景颜色		

任务实施

将本任务的实施步骤以及在实施过程中遇到的问题进行记录。

学习工作页四　图形列表和图形 I/O 域使用

 **信息咨询**

问题 1：本任务所使用的"风扇"图片在软件系统的位置？

_____

问题 2：根据任务描述，实现"风扇"旋转的构件是什么？

_____

问题 3：如何通过 PLC 程序实现"叶片"图片的切换。

变量			变量		
名称	数据类型	地址	名称	数据类型	地址

PLC 程序：

计划决策

根据收集的信息及小组讨论结果，进行任务的计划和决策。

策略 1："图形 I/O 域_1"的属性设置。

	过程变量	模式	内容图形列表
图形 I/O 域_1			

策略 2： 如何能实现 HMI 画面风扇旋转不卡顿？

 任务实施

将本任务的实施步骤以及在实施过程中遇到的问题进行记录。

学习工作页五　建立水泵控制监控系统

 信息咨询

问题：根据任务描述，完成本任务需要在已有的画面添加什么构件？

_____

 计划决策

根据收集的信息及小组讨论结果，进行任务的计划和决策。

策略：两个"日期/时间域"的属性设置。

	域	文本格式	背景填充图案	边框宽度
日期/时间域_1				
日期/时间域_2				

任务实施

将本任务的实施步骤以及在实施过程中遇到的问题进行记录。

_____

_____

_____

_____

_____

_____

_____

_____

_____

_____

_____

_____

_____

_____

_____

_____

项目四 剪板机控制监控系统

学习工作页一 剪板机控制监控系统手动操作

信息咨询

问题 1：请准确描述"剪板机控制监控系统手动操作"的控制要求？

_____

_____

_____

问题 2：根据控制要求，进行变量分配和程序编写。

变量			变量		
名称	数据类型	地址	名称	数据类型	地址

（续）

PLC 程序：
1. 压块上升下降
2. 剪刀上升下降
3. 小车左右移动
4. 板料送料

 计划决策

　　根据收集的信息及小组讨论结果，进行任务的计划和决策。

策略 1：如图所示，该画面中使用了哪些构件？

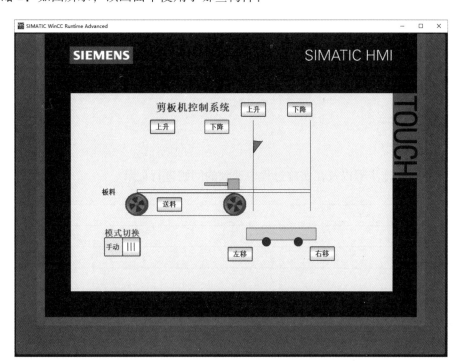

序号	构件名称	数量
1		
2		
3		
4		
5		
6		
7		
8		

策略 2：动画设置

图形	图形名称	动画名称	关联变量	范围

策略 3："时钟存储器"设置。

_____

_____

策略 4：如何能实现画面相关运动不卡顿？

_____

任务实施

将本任务的实施步骤以及在实施过程中遇到的问题进行记录。

_____

_____

_____

_____

_____

_____

_____

_____

_____

_____

_____

_____

_____

_____

_____

_____

_____

_____

_____

_____

_____

_____

_____

_____

_____

_____

_____

_____

学习工作页二 剪板机控制监控系统自动操作

信息咨询

问题 1： 请准确描述"剪板机控制监控系统自动操作"的控制要求？

_____

_____

_____

_____

_____

问题 2： 根据控制要求，添加变量分配，并进行程序编写。

变量			变量		
名称	数据类型	地址	名称	数据类型	地址

PLC 程序：

1. 初始化

2. 送料

（续）

3. 压块
4. 剪料
5. 判定条件
6. 小车运行

 计划决策

　　根据收集的信息及小组讨论结果，进行任务的计划和决策。

策略：仔细观察以下两张图，图 b 相对于图 a，增加了哪些构件？

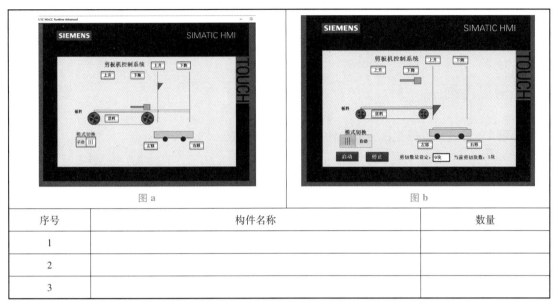

序号	构件名称	数量
1		
2		
3		

任务实施

将本任务的实施步骤以及在实施过程中遇到的问题进行记录。

学习工作页三　HMI 的用户管理功能

 信息咨询

问题 1： 通过任务描述，完成本任务需要什么构件？

_____

问题 2： "用户视图"构件在工具箱的什么栏目下？

_____

 计划决策

根据收集的信息及小组讨论结果，进行任务的计划和决策。

策略： 设定需要登录的用户，配置密码，分配组别，确定权限。

序号	用户名	密码	组别	权限
1				
2				
3				

 任务实施

将本任务的实施步骤以及在实施过程中遇到的问题进行记录。

_____

_____

_____

_____

_____

_____

_____

_____

_____

_____

_____

_____

05 项目五　多电机功能监控系统

学习工作页一　层级的使用

 信息咨询

问题：西门子 HMI 的一个画面由多少层组成？

 计划决策

根据收集的信息及小组讨论结果，进行任务的计划和决策。
策略： 观察图片，完成表格。

图片	构件名称	数量
电机1 手动　自动 启动　停止 速度设定：000000000 电机运行状态：○		

任务实施

将本任务的实施步骤以及在实施过程中遇到的问题进行记录。

_____

_____

_____

_____

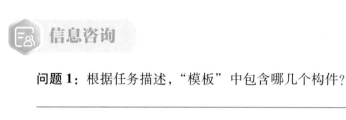

学习工作页二　画面管理

 信息咨询

问题 1：根据任务描述，"模板"中包含哪几个构件？

_____

问题 2："弹出画面"在项目树下什么位置？

_____

 计划决策

根据收集的信息及小组讨论结果，进行任务的计划和决策。

策略："弹出画面"的大小？画面包含什么构件？

_____

 任务实施

将本任务的实施步骤以及在实施过程中遇到的问题进行记录。

_____

_____

_____

_____

_____

_____

_____

_____

_____

_____

_____

_____

_____

_____

学习工作页三　高级功能面板组态

信息咨询

问题 1：如何添加一个"面板"类型？

问题 2：项目库类型有哪些？

计划决策

根据收集的信息及小组讨论结果，进行任务的计划和决策。

策略 1：根据任务描述，"面板"组态动态属性变量设置？

序号	变量名称	数据类型
1		
2		
3		
4		
5		
6		
7		

策略 2：PLC 变量设置，补全各结构体变量的元素组成。

结构体（Struct）变量	元素	
	变量名称	数据类型
M1		

（续）

结构体（Struct）变量	元素	
	变量名称	数据类型
M2		
M3		

任务实施

将本任务的实施步骤以及在实施过程中遇到的问题进行记录。

学习工作页四 高级功能面板应用

信息咨询

问题：如何将"PLC 数据类型"添加到项目库的"类型"中？

_____

_____

_____

_____

_____

_____

计划决策

根据收集的信息及小组讨论结果，进行任务的计划和决策。

策略 1：新添加的"PLC 数据类型"的名称是什么？

_____

策略 2：PLC 数据类型"电机"的变量设置。

序号	变量名称	数据类型
1		
2		
3		
4		
5		

策略 3：面板"Motor"的动态属性变量名称及其数据类型是什么？

_____

_____

任务实施

将本任务的实施步骤以及在实施过程中遇到的问题进行记录。

项目六 饮料生产线监控系统

学习工作页一 模 板 制 作

 信息咨询

问题1：通过任务描述可知，本任务需要制作几个画面？

问题2：如何设置画面为启动画面？

 计划决策

根据收集的信息及小组讨论结果，进行任务的计划和决策。

策略1：观察图片，明确图片中所需构件，完成表格统计。

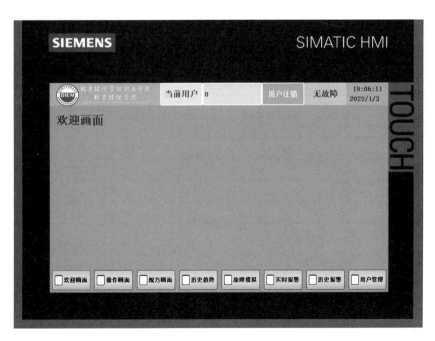

序号	构件名称	数量	备注
1			
2			
3			
4			
5			

策略 2：按钮的"图形和文本"模式如何设定？如何在按钮构件中添加"方框"图片？

_____

_____

策略 3：如何修改 HMI 变量的"事件"属性？对于多个画面切换使用什么函数？

_____

_____

任务实施

将本任务的实施步骤以及在实施过程中遇到的问题进行记录。

_____

_____

_____

_____

_____

_____

_____

_____

_____

_____

_____

_____

_____

_____

_____

_____

_____

_____

学习工作页二　欢迎画面制作

 信息咨询

问题 1：查看项目六任务二描述图片，确定图片中的"进度条"使用的是什么构件？

_____

问题 2：进度条的满量程是多少？

_____

问题 3：根据任务描述中进度条的控制要求，确定变量，并编写 PLC 程序。

变量			变量		
名称	数据类型	地址	名称	数据类型	地址

PLC 程序：

 计划决策

根据收集的信息及小组讨论结果，进行任务的计划和决策。

策略 1："棒图_1"的属性设置。

构件	最大刻度	最小刻度	过程变量	限制刻度	边界宽度	显示刻度	棒图方向
棒图_1							

策略 2：欢迎画面的"加载"和"清除"使用什么函数？

加载：_____

清除：_____

策略 3：如何修改 HMI 变量的"事件"属性？对于多个画面切换使用什么函数？

_____

_____

策略 4：如何能实现进度条推进不卡顿？

_____

📋 任务实施

将本任务的实施步骤以及在实施过程中遇到的问题进行记录。

_____

_____

_____

_____

_____

_____

_____

_____

_____

_____

_____

_____

_____

_____

_____

_____

_____

_____

_____

_____

_____

_____

学习工作页三 原料罐、生产罐画面制作

 **信息咨询**

问题1：根据任务描述的图示，说明其图示中的"原料罐""生产罐""管道"构件在软件系统的位置？

问题2：I/O 域的初始值如何设定？

问题3："结构体"变量的含义？本任务可设定什么"结构体"变量？

计划决策

根据收集的信息及小组讨论结果，进行任务的计划和决策。

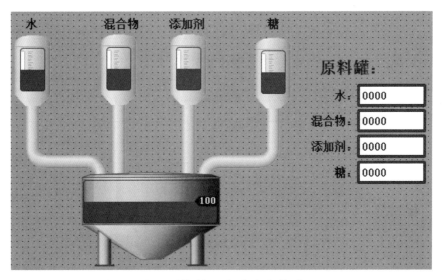

策略：观察图片，明确图片中所需构件，完成表格统计。

序号	构件名称	数量	备注
1			
2			
3			

（续）

序号	构件名称	数量	备注
4			
5			
6			
7			
8			
9			

任务实施

将本任务的实施步骤以及在实施过程中遇到的问题进行记录。

学习工作页四　搅拌机动画制作

 信息咨询

问题 1：本任务所使用的"搅拌机"图片在软件系统的位置？

问题 2：如何通过 PLC 程序 FB 程序块实现"搅拌机"图片的切换。

变量			变量		
名称	数据类型	地址	名称	数据类型	地址

PLC 程序：

问题 3：如何在主程序"Main［OB1］"中调用"FB 函数块"？

 计划决策

根据收集的信息及小组讨论结果，进行任务的计划和决策。
策略 1：本任务所使用的"图形 I/O 域_1"的属性设置。

	过程变量	模式	内容图形列表
图形 I/O 域_1			

策略 2： 如何能实现 HMI 画面搅拌机搅拌不卡顿？

_____

任务实施

将本任务的实施步骤以及在实施过程中遇到的问题进行记录。

_____
_____
_____
_____
_____
_____
_____
_____
_____
_____
_____
_____
_____
_____
_____
_____
_____
_____
_____
_____
_____
_____
_____
_____
_____
_____
_____
_____

学习工作页五 液体动画制作

 信息咨询

问题 1：根据项目六任务五描述图示，图中的液体使用什么构件制作？

问题 2：以液体"水"为例，如何通过 PLC 程序 FB 程序块实现"水"流动。

变量			变量		
名称	数据类型	地址	名称	数据类型	地址

PLC 程序：

 计划决策

根据收集的信息及小组讨论结果，进行任务的计划和决策。

策略 1：本任务所使用的"液体"的属性设置。

构件名称	线宽度	线颜色	大小
线_1			

策略 2：本任务所使用的"液体"的动画设置。

构件名称	变量	范围	可见性
线_1			
线_2			
线_3			

策略 3：如何能实现 HMI 画面液体流动不卡顿？

_____

任务实施

将本任务的实施步骤以及在实施过程中遇到的问题进行记录。

_____
_____
_____
_____
_____
_____
_____
_____
_____
_____
_____
_____
_____
_____
_____
_____
_____
_____
_____
_____
_____
_____
_____
_____

学习工作页六 饮料生产线自动控制

信息咨询

问题 1：请准确描述"饮料生产线自动控制"的控制要求？

_____

_____

_____

_____

_____

问题 2：根据控制要求，添加变量分配，并进行程序编写。

变量			变量		
名称	数据类型	地址	名称	数据类型	地址

PLC 程序：

1. 系统启动

（续）

2. 系统开始加水
3. 系统开始添加混合物
4. 系统开始添加添加剂

（续）

5. 系统开始添加糖

6. 系统开始搅拌

7. 系统计数清零

（续）

8. 系统停止工作

计划决策

根据收集的信息及小组讨论结果，进行任务的计划和决策。

策略：根据任务要求，设计文本列表条目。

序号	值	文本
1		
2		
3		
4		
5		
6		
7		
8		

任务实施

将本任务的实施步骤以及在实施过程中遇到的问题进行记录。

学习工作页七 工艺配方组态应用

 信息咨询

问题1： 根据任务描述图示，系统配方使用什么构件制作？

问题2： PLC 中 "CALCULATE" 的指令应用。

 计划决策

根据收集的信息及小组讨论结果，进行任务的计划和决策。

策略1： "饮料配方" 的元素属性设置。

序号	名称	显示名称	变量	数据类型	数据长度
1					
2					
3					
4					

策略2： "饮料配方" 的数据记录属性设置。

序号	名称	编号	水	混合物	添加剂	糖
1						
2						
3						
4						

任务实施

将本任务的实施步骤以及在实施过程中遇到的问题进行记录。

学习工作页八　报警组态应用

信息咨询

问题 1：根据项目六任务八的描述，本任务报警信息使用什么构件显示？

_____

问题 2：HMI 报警中有哪些选项卡？

_____

_____

_____

_____

_____

计划决策

根据收集的信息及小组讨论结果，进行任务的计划和决策。

策略 1："历史数据"的添加。

序号	名称	每个记录的数据	存储位置	路径	记录方法
1					

策略 2："离散量报警"的属性设置。

序号	名称	报警文本	报警类别	触发变量	触发位
1					
2					
3					
4					
5					

策略 3："模拟量报警"的属性设置。

序号	名称	报警文本	报警类别	触发变量	限制	限制模式
1						

策略 4："报警类别"的属性设置。

序号	显示名称	名称	状态机	日志
1				

任务实施

将本任务的实施步骤以及在实施过程中遇到的问题进行记录。

学习工作页九　趋势视图应用

 信息咨询

　　问题：根据项目六任务九的描述，显示"配方参数"的数据曲线和数据数值使用什么构件？

_____

 计划决策

　　根据收集的信息及小组讨论结果，进行任务的计划和决策。

　　策略 1："历史数据"的添加。

序号	名称	每个记录的数据	存储位置	路径	记录方法
1					

　　策略 2："配方记录"的"记录变量"属性设置。

序号	名称	过程变量	采集模式	记录周期
1				
2				
3				
4				

　　策略 3："趋势视图_1"的属性设置。

序号	样式	趋势值	趋势类型	源设置
1				
2				
3				
4				

任务实施

将本任务的实施步骤以及在实施过程中遇到的问题进行记录。

学习工作页十   用户管理

信息咨询

问题 1：如何在 HMI 中添加"计划任务"？

问题 2：如何对"配方视图"构件进行权限设置？

计划决策

根据收集的信息及小组讨论结果，进行任务的计划和决策。

策略：设定需要登录的用户，配置密码，分配组别，确定权限。

序号	用户名	密码	组别	权限
1				
2				

任务实施

将本任务的实施步骤以及在实施过程中遇到的问题进行记录。

_____

_____

_____

_____

_____

_____

_____

_____

_____

_____

_____

_____

参 考 文 献

［1］廖常初. 西门子人机界面（触摸屏）组态与应用技术［M］. 北京：机械工业出版社，2018.
［2］章详炜. 触摸屏应用技术从入门到精通［M］. 北京：化学工业出版社，2017.